WESTEND

Gerd Ganteför

# Das rätselhafte Gewebe unserer Wirklichkeit und die Grenzen der Physik

WESTEND

Impressum

Mehr über unsere Autoren und Bücher:
www.westendverlag.de
Die Deutsche Nationalbibliothek verzeichnet diese Publikation
in der Deutschen Nationalbibliografie; detaillierte bibliografische
Daten sind im Internet über http://dnb.d-nb.de abrufbar.


FSC
www.fsc.org
MIX
Papier | Fördert
gute Waldnutzung
FSC® C014889

ISBN 978-3-86489-924-9

1. Auflage 2025

Umschlaggestaltung: Buchgut, Berlin
Umschlagmotiv: (C) Stock/vchalup
Gestaltung und Satz: Publikations Atelier, Weiterstadt
Druck und Bindung: Friedrich Pustet GmbH & Co. KG, Gutenbergstraße 8
93051 Regensburg
Gestaltung und Satz: quintessense, Berlin
Printed in Germany

# Inhalt

# Vorwort

**Dieses Buch ist die Essenz** der letzten zehn Jahre an Vorlesungen, die ich im Masterprogramm Physik an der Universität Konstanz gehalten habe. Unser kleiner Fachbereich hat sich in der Forschung zwar auf Nanowissenschaften spezialisiert, aber in der Lehre ist es notwendig, alle Teilgebiete der Physik abzudecken. So kam es, dass ich als Fachmann im Bereich der Nanopartikel unverhofft Veranstaltungen mit Themen außerhalb meines eigentlichen Gebietes halten durfte. Dazu gehörten die Vorlesungen „Astrophysik“ und „Grenzen des Wissens“, in der ich die Studierenden an den Rand unseres Verständnisses der Physik und der Biologie führte. Meine ursprüngliche Ausbildung ist die eines Kernphysikers, weshalb ich auch häufiger „Kern – und Teilchenphysik“ lehrte. Zu meinen Kernkompetenzen gehören außerdem die „Nano-Vorlesung“ und der „Grundkurs zur Quantenmechanik“. Bei all diesen Veranstaltungen handelt es sich nicht um einzelne Vorträge, sondern um Vorlesungen über ein ganzes Semester, die pro Thema 20 bis 40 Stunden Redezeit umfassen. Ein Teil davon, vor allem aus der Zeit der Pandemie, sind auf meinem Youtube-Kanal „Grenzen des Wissens“ sowie auf meiner Website „www.grenzen-des-wissens.com“ frei zugänglich. Ich möchte jedoch gleich vorwegnehmen, dass wir in diesem Buch deutlich sanfter an die Materie herangehen, wo es möglich ist mit Beispielen arbeiten und komplizierte Punkte gelegentlich wiederholen werden, um unnötiges Blättern zu vermeiden.

Zu Beginn meiner Karriere war ich wie viele andere der Meinung, dass die Wissenschaft im 21. Jahrhundert die Welt weitestgehend erkundet hat und die noch offenen Fragen vermutlich in absehbarer Zukunft geklärt sein würden. Aber als ich tiefer in die Denkgebäude der Physik, deren Einsichten man zu den fundamentalsten zählt, eindrang und mein Blick sich immer mehr ausweitete, bekam ich Zweifel an der Vollständigkeit ihres Weltbildes. Die Physik hat eine Modellvorstellung von der Wirklichkeit entwickelt, die zwar zunächst überzeugend aussieht, aber bei genauerem Hinsehen Löcher und Unklarheiten aufweist. Auch gibt es „Flicken", die auf unbeweisbaren Annahmen beruhen und mit denen man Unstimmigkeiten in den großen Modellen einfach ad hoc „repariert". Ein Beispiel ist die Inflationstheorie. Das Universum soll sich unmittelbar nach dem Urknall kurzeitig, nur für einen minimalen Augenblick mit Überlichtgeschwindigkeit ausgedehnt haben. Bezüglich der Hintergründe für diese Behauptung gibt es zwar Hypothesen, aber keine experimentellen Beweise. Bei der Annahme handelt es sich lediglich um einen Flicken des Urknallmodells, der notwendig ist, um das sogenannte Horizontproblem zu lösen. Ich erkläre das im Buch genauer. Ohne sie gäbe es jedenfalls ernste Zweifel an der Gültigkeit der Theorie. Aber das Urknallmodell hat ohnehin das Problem, dass es den Urknall nicht erklären kann. Ist eine Theorie noch angemessen, wenn sie an der Erklärung des Objekts, nach dem sie benannt wurde, scheitert?

Es gibt zahlreiche weitere Unklarheiten und Rätsel dieser Art. In den letzten beiden Kapiteln des Buches behandeln wir wissenschaftliche Erkenntnisse jenseits des menschlichen Verstehens. Möglicherweise kann unser Bewusstsein die Realität dieser Zonen, die sich weit außerhalb unserer Lebenswirklichkeit befinden, nicht vollständig erfassen. Dazu gehört zum Beispiel die Auffassung einiger Physikerinnen und Physiker, die Grundlage allen Seins sei nicht Materie, sondern „Information". Was soll das sein? Im übertragenen Sinn könnte man Information mit „Geist" gleichsetzen. „Wie bitte?", höre ich schon rufen: „Geist als Grundlage allen Seins? Das hört sich äußerst unwissenschaftlich an!" – und doch gibt es seriöse Leute in der akademischen Physik, die genau diese These vertreten. Ihre Parole lautet „It from Bit". Das soll heißen, dass alles Sein der Information entspringt. Auch ich fand das zunächst ziemlich exotisch. Aber je mehr ich über die Physik lernte, desto nachdenklicher wurde ich. Diese Nachdenklichkeit manifestiert sich im vorliegenden Buch. Als Nebeneffekt bringe ich den Zauber zurück in unsere Welt.

# Die Zivilisation in der Dunkelwolke 1

**Das vorliegende Buch** handelt von der Wirklichkeit – von dem, was wir wissen, dem, was wir nur glauben zu wissen, und dem, was wir nicht wissen. Es ist ein Buch, das den Anspruch der Physik, alles erklären zu können, in Zweifel zieht. Dabei beruht es streng auf den Erkenntnissen wissenschaftlicher Experimente. Gemeint sind die Ergebnisse von Messungen, also Befragungen der Wirklichkeit, die in etablierten Fachzeitschriften der Naturwissenschaften veröffentlicht wurden. Es wird sich zeigen, dass einige dieser Experimente mit den Modellvorstellungen der Physik kaum in Einklang zu bringen sind. Und das bedeutet wiederum, dass unsere Vorstellungen von der Wirklichkeit Lücken aufweisen. Es gibt mehr, als wir uns vorstellen können.

Aktuell ist das Weltbild der Physik streng materialistisch aufgebaut. Demzufolge gleicht das Universum einer gigantischen Maschine, deren Zahnräder in Form von Naturgesetzen den Ablauf bestimmter Prozesse kontrollieren. In der Physik existieren weder Geist noch Sinn noch Bewusstsein – und noch nicht einmal Leben. Dieses Weltbild repräsentiert einen Zeitgeist, der sich vom Gedanken an das „Übernatürliche" abgewandt hat und alles aus einer Maschinenperspektive heraus analysieren will. In seinen Grundzügen ist das Phänomen nicht neu: Auch in der Vergangenheit bestand stets die Gefahr, dass die aktuell vorherrschende Weltanschauung die Modellvorstellungen der Naturwissenschaft verzerrt, wie zu jenen Zeiten, als die Menschen noch davon überzeugt waren, dass die Erde flach und der Mittelpunkt des Universums sei. Ironischerweise haben die jüngeren Erkenntnisse der Naturwissenschaften seitdem erneut ihre Verabsolutierung zur Folge gehabt. Leben und Bewusstsein sind in der aktuellen Vorstellung nur äußerst unwahrscheinliche Zufälle, sozusagen Fehler im automatischen Ablauf eines Maschinenuniversums. Die Welt hat ihren Zauber verloren.

Wenn eine physikalische Modellvorstellung so stark mit dem aktuellen Zeitgeist übereinstimmt, besteht die Möglichkeit, dass sie Beobachtungen, die nicht zu ihr passen, einfach außer Acht lässt. Doch die Wirklichkeit ist fremdartig. Vielleicht verfügt der menschliche Geist auch schlichtweg nicht über die Kapazitäten, sie nur annähernd vollständig zu erfassen. Dann wäre lediglich ein kleiner Teil der Realität unserem Denken überhaupt zugänglich. Wir können hoffen, dass er sich im Laufe der Jahrhunderte langsam vergrößert.

Es stimmt also keinesfalls, dass wir alles Grundlegende bereits herausgefunden haben und nur noch an Verfeinerungen der bisherigen Erkenntnisse arbeiten. Im Gegenteil gibt es sogar Indizien, dass uns in Zukunft große Entdeckungen weit außerhalb der etablierten Physik bevorstehen. Von ihnen handelt dieses Buch. Es entführt den Leser in Räume und Zeiten weit jenseits der vierdimensionalen Raumkugel, auf die wir meinen beschränkt zu sein, und hinein in gedankliche Sphären, in denen die Welt nicht bloß aus Kügelchen und Federn besteht, deren Schwingungen langsam abklingen und dem Kältetod entgegendriften. Stattdessen zeigt es zum Beispiel die Möglichkeit eines informationsbasierten, „geistreichen" Universums auf, dessen Elementarteilchen Bits eines ungeheuren Computers sind.

Grundlage der Naturwissenschaft ist die Übereinstimmung von Theorie und Experiment. Mathematische Formeln gibt es viele, aber nur wenige stimmen mit der Wirklichkeit überein. Die Korrespondenz muss erst im Experiment überprüft werden. Und allein wenn eine Theorie diesen Test besteht, erlangt sie einen gewissen Grad an Wahrheit. Denn dann beschreibt sie zumindest Teile der Wirklichkeit korrekt. Auch in diesem Buch, das sich der Naturwissenschaft verpflichtet sieht, muss immer ein experimenteller Beweis erbracht werden, der die Behauptung, es gäbe mehr als das, was die Physik bisher erkundet hat, bestätigt. Allerdings ist es nicht möglich, das Unbekannte zu beschreiben, denn dann wäre es bekannt. Wir müssen uns daher darauf beschränken, Indizien für die Existenz solcher Bereiche der Realität aufzuzeigen. Freilich gibt es diese zuhauf, weshalb nur die wichtigsten in den folgenden Kapiteln beschrieben werden. Bei diesen Indizien handelt es sich überwiegend um offene Fragen und Unstimmigkeiten im etablierten Weltbild der Physik. Man könnte sie als unwesentliche Kleinigkeiten abtun, die im Laufe der Zeit wahrscheinlich noch geklärt werden, ohne dass wir unsere Vorstellung von der Welt grundlegend verändern müssten. Aber die folgende Fabel veranschaulicht vielleicht, dass offene Fragen und Unstimmigkeiten auf eine beschränkte Anschauung hindeuten können:

*Es war einmal eine Zivilisation in einer Dunkelwolke. Diese Ansammlungen aus fein verteiltem kosmischem Staub, der zumindest auf langen Distanzen kein Licht hindurchlässt, finden sich überall in unserer Galaxis. Durch Infrarotaufnahmen weltraumgestützter Teleskope wissen wir, dass sich in ihnen auch Sonnen befinden. Ihre Winde befreien vermutlich die unmittelbare Umgebung um sie herum von Staub, sodass diese Sterne kleine Inseln in einem Meer aus Dunkelheit bilden. Um unsere imaginäre Sonne herum kreisen drei Planeten: ein extrem heißer Gesteinsplanet nahe dem Zentrum, ähnlich unserem Merkur; ein roter Gasriese außen am Rand, ähnlich unserem Jupiter; und schließlich ein blauer Wasserplanet, der im genau richtigen Abstand von der Sonne in der staubfreien Blase seine Bahnen zieht.*

*Nehmen wir an, auf diesem Planeten sind die Bedingungen so günstig für das Leben wie auf unserer Erde. So kommt dieses auch zustande und durchläuft vergleichbare Entwicklungsstadien, wie wir sie von hier kennen. Die Naturgesetze sind – soweit wir heute wissen – überall im Universum die gleichen, weshalb ein solcher Verlauf zumindest nicht ausgeschlossen ist. Das gilt für die uns zugängliche Raumkugel mit 13,7 Milliarden Lichtjahren Durchmesser, also auf jeden Fall auch innerhalb unserer nur wenige hunderttausend Lichtjahre großen Galaxis. Unser gedachter Planet entstand zunächst als glühende Lavakugel, die allmählich abkühlte. Dann regnete es Zigtausende von Jahren und es bildeten sich die Ozeane. In ihnen entstand einfaches, einzelliges Leben. Für zwei oder drei Milliarden Jahre blieb es dabei. Im Laufe der Zeit führte die Photosynthese der Atmosphäre des Planeten immer mehr Sauerstoff zu. Damit beschleunigte sich die Evolution gewaltig. Das Leben eroberte die Kontinente, weil es durch die aus dem Sauerstoff neu gebildete Ozonschicht vor der UV-Strahlung geschützt war. Landpflanzen und -Tiere erreichten immer höhere Entwicklungsstufen, bis schließlich intelligentes Leben die Bühne betrat. Wie dieses genau aussah, sollte für unsere Fabel nicht relevant sein. Wichtig ist nur, dass es Werkzeuge benutzte, Maschinen baute und über die Frage nachdachte, in was für einer Welt es lebte und wie seine Heimat im Kosmos entstanden sein könnte.*

Abb. 1: Illustration der gedachten Zivilisation in einer kosmischen Dunkelwolke. In ihrer Mitte befindet sich das Sonnensystem mit den drei Planeten. Die intelligenten Bewohner des zweiten Gestirns haben kein Wissen von anderen Sonnen oder Galaxien, es sei denn sie entwickeln interstellare Raumfahrt und schaffen es, in den freien Raum vorzustoßen. Sicher wären sie über den Anblick sehr überrascht.

*Bis zu diesem Punkt lief also alles genau so ab, wie auf unserer Erde, mit nur einem wichtigen Unterschied: Die intelligenten Lebewesen wussten nichts von anderen Sonnen, anderen Galaxien und der kosmischen Hintergrundstrahlung, dem Nachglühen des Urknalls. Ihr Kenntnisstand über das Universum war durch ihr Dasein in einer kosmischen Dunkelwolke stark eingeschränkt.*

*Die Wissenschaftlerinnen und -wissenschaftler entdeckten dort ähnlich wie auf der Erde die vielfältigen Naturgesetze und entwickelten eine ausgeklügelte Biologie, Chemie und Physik. Sie wussten, dass die Materie aus Atomen aufgebaut ist, die ihrerseits aus Elementarteilchen bestehen. Sie waren den Quarks und den vier Naturkräften auf die Spur gekommen. Doch obwohl sie die Fusionsprozesse im Innern ihrer Sonne mathematisch zu beschreiben vermochten, hatten sie keine Vorstellung davon, wie sie entstanden sein könnte. Man untersuchte den umliegenden Weltraum, sah aber nur die gewaltigen Mengen an kosmischem Staub, der sich in scheinbar endlose Weiten erstreckt. Sonden drangen viele Milliarden Kilometer weit in die Dunkelwolke ein, doch fanden stets nichts als Finsternis. Die Forschenden konnten nicht wissen, dass es nur eine Dunkelwolke – ihrerseits lediglich ein winziger Teil der größeren galaktischen Struktur – war, in der sie sich befanden. Aus ihrer Perspektive schien das ganze Universum aus Staub zu bestehen. Aber woher kam er und wieso gab es darin eine Sonne mit drei Planeten?*

*Ihre Physikerinnen und Physiker überlegten lange und entwickelten schließlich die „Urloch-Theorie“. Demnach entstand vor undenkbar langer Zeit – grobe Schätzungen anhand der Staubmenge gingen von mindestens 10 000 Milliarden Jahren aus – spontan ein Loch in der Raumzeit. Durch dieses drang ein konstanter Fluss von Wasserstoffatomen in das normale Raum-Zeit-Kontinuum ein. Um das Loch herum bildete sich eine stetig anschwellende Gas-Blase, die durch ihre Eigengravitation zusammengehalten wurde. Letztere stieg mit zunehmender Masse immer weiter an, bis das Gebilde schließlich kontrahierte und die Wasserstoffatome in seinem Zentrum miteinander zu verschmelzen begannen. Fiat Lux – damit war ihre Sonne geboren. Mit dem konstanten Zustrom an frischem Fusionsbrennstoff durch das Urloch brannte ihr Stern fürderhin Tausende von Milliarden Jahren. Der viele Staub im beobachtbaren Universum – so jedenfalls die Theorie – sei einfach ein Nebenprodukt der Sonne, das sich von ihren Winden getragen weit in den Raum verteilt hat. Die Zusammensetzung der gesammelten Proben passte auch gut zu den bekannten Fusionsprozessen, die unter den Bedingungen im Zentrum ihres Gestirns ablaufen sollten.*

*Die Befürworter untermauerten ihre Theorie mit unzähligen Beobachtungen und konnten viele vorher rätselhafte Daten erklären. Trotzdem gab es Skeptiker. Diese fragten zum Beispiel, wie es denn sein könne, dass haargenau die richtige Menge an Wasserstoff in einem über Jahrmilliarden konstanten Fluss aus dem Urloch gequollen sei. Die Befürworter hatten dafür eine Erklärung parat, die auf einer Theorie über Singularitäten im vierdimensionalen Raum-Zeit-Gefüge beruht und die außer ihnen selber niemand verstand. Jedenfalls waren sie sich sicher, dass die bekannten Naturgesetze dem Phänomen eines konstanten Zuflusses nicht widersprachen. Die Skeptiker blieben zwar misstrauisch, konnten dem aber nichts entgegenhalten, weil die Mathematik der Urloch-Theorie sie bei weitem überforderte. Außerdem gab es keine Chance einer experimentellen Überprüfung. Denn Theorien dieser Art gehören zu den Modellvorstellungen der Physik, die nicht falsifizierbar sind – es sei denn, man hätte ein künstliches Urloch im Labor erschaffen oder eine Sonde ins Zentrum der Sonne geschickt. Beides war jedoch technisch nicht möglich. Manche Skeptiker meinten sogar, dass es sich bei einer nicht-falsifizierbaren Theorie um keine echte Naturwissenschaft handle. Aber die Forschenden in der Dunkelwolke wussten sich nicht besser zu behelfen.*

*Es gab noch eine weitere Frage aufseiten der Skeptiker: Woher kommen die vielen chemischen Elemente – nämlich alle, die schwerer als Eisen sind –, die nicht durch Fusionsprozesse in der Sonne entstanden sein konnten? Die Urloch-Theoretiker antworteten etwas betreten, dass sie dafür zurzeit keine gesicherte Erklärung hätten, nur eine These. Dieser zufolge existiere es eine noch unbekannte Art von Materie – sie nannten sie „Helle Materie", weil sie im Zentrum der Sonne in heller Weißglut vorliegen musste –, welche die Entstehung dieser schwereren Elemente katalysiere. Fortan wurde viel über diese rätselhafte Substanz geforscht, doch entzog sie sich beharrlich jedem Versuch eines experimentellen Nachweises.*

*Aber die Skeptiker hatten noch mehr Fragen und die Verteidiger der Urloch-Theorie zeigten sich allmählich genervt. Wie war das Urloch entstanden und was gab es davor? Damit trafen sie einen wunden Punkt: Die Theorie hatte nämlich die Schwäche, dass sie das Urloch selbst nicht erklären konnte. Ihre Befürworter entgegneten in gereiztem Ton, dass es vor der Entstehung des Urlochs keine Materie im Universum gegeben habe und jeder Zeitpunkt identisch zum vorherigen gewesen sei. Ihre Fragen sind deshalb in sich widersprüchlich und entsprechend nicht zulässig. Angesichts dieser Entgegnung waren die Skeptiker zunächst verblüfft und hegten später den Verdacht, dass es sich bei ihr um eine Ausrede handelte. Ihre Fragen blieben jedenfalls unbeantwortet und man stellte ihnen keine Antworten in Aussicht.*

Diese kleine Geschichte soll veranschaulichen, dass offene Fragen und Ungereimtheiten ein Zeichen dafür sind, dass dem Menschen bisher nur ein Teil der Realität bekannt ist. Sie schlagen sich in den Modellvorstellungen, die auf der Basis eines unvollständigen Wissens entwickelt werden, nieder. Tatsächlich könnten solche Theorien sogar schlichtweg falsch sein. Da wäre zum Beispiel die Frage aus der Fabel, warum genau die richtige Menge an Gas aus dem Urloch quillt, um die Sonne so lange konstant brennen zu lassen. Wir mit unserem weitaus umfassenderen Wissen über das Universum wissen natürlich, dass Urlöcher nicht existieren und deshalb der ganze Ansatz falsch ist. Aber auch in unserem Weltbild sind wir mit Fragen konfrontiert, die nicht beantwortet werden können. Hätten beispielsweise bestimmte Naturkonstanten nur einen leicht anderen Wert, lägen die Eigenschaften unseres Universums so verschoben, dass kein Leben in unserem Sinn möglich wäre. Weshalb also ist unser Universum auf so merkwürdige Art und Weise für uns „maßgeschneidert“? Weiterhin gibt es im Märchen die „Helle Materie“, eine Anspielung auf die Dunkle Materie und die Dunkle Energie in unserer realen Welt. Auch diese muss unsere Physik ohne experimentellen Beweis quasi als Fiktion annehmen, um bestimmte Phänomene erklären zu können. Schließlich war da noch die Frage nach der Entstehung des Urlochs selber, für welche die Theoretiker aus der Fabel keine Erklärung hatten. Ihre Argumentation, dass es vorher keine Zeit gegeben habe und die Frage daher nicht zulässig sei, gleicht der einiger tatsächlicher Physikerinnen und Physiker, wenn sie nach dem Universum vor dem Urknall gefragt werden.

Das soll nicht heißen, dass es in unserer Realität keinen Urknall gegeben hat. Im Gegenteil werden wir im nächsten Kapitel sehen, dass uns zahlreiche experimentelle Belege für die Richtigkeit der zugrundeliegenden Theorie vorliegen. Aber trotzdem bleibt ein gewisser Zweifel, dass damit vielleicht noch nicht das letzte Wort zur Frage der Entstehung unserer Welt gesprochen wurde.

Wir beginnen also in Kapitel 2 mit dem aktuellen Weltbild der Physik. Dabei handelt es sich um die Repräsentation der Wirklichkeit, welche die Disziplin so sorgfältig bis heute entwickelt hat und an deren Richtigkeit eigentlich niemand mehr zweifelt. Doch auch in der Dunkelwolke war man sich weitestgehend einig, dass die Urloch-Theorie zahlreiche Beobachtungen erfolgreich erklären kann. Zweifel hätte man dort ebenfalls zurückgewiesen. Das Kapitel fällt relativ lang aus, weil wir darin die komplette Geschichte der Physik abhandeln, zumindest in groben Zügen. Denn wenn man fundierte Zweifel an der Gültigkeit ihres Weltbildes hegen möchte, sollte man mit ihren wichtigsten Aussagen und Theorien vertraut sein.

In Kapitel 3 wagen wir dann erste Schritte in einen Grenzbereich der Physik, sozusagen an die Grenze unseres Wissens und noch ein kleines Stück darüber hinaus. Die Reise führt uns in Kontakt mit Phänomenen, welche die Wissenschaft zwar bisher nicht erklären kann, aber, wie sie selber meint, auf mittlere Sicht recht wahrscheinlich im Rahmen der bekannten Theorien wird erklären können.

Danach, in Kapitel 4, tauchen wir endgültig in die Welt des Unbekannten ein. Über diese Sphäre können wir nur spekulieren. Zwar bauen unsere Mutmaßungen auf den Ergebnissen nachprüfbarer Experimente auf, doch ihre Daten und Befunde entziehen sich dem menschlichen Verstehen. Es geht um die mögliche Existenz höherer Dimensionen und anderer Universen. Über lange Zeit war die Menschheit der Überzeugung, es gäbe nur einen Planeten, nämlich die Erde. Nachdem sich das als falsch herausgestellt hatte, glaubte man fortan, es gäbe nur eine Sonne. Mit der Entdeckung, dass es sich bei den vielen hellen Punkten am Himmel ebenfalls um Sonnen handelt, korrigierte man das Weltbild wieder und dachte nun, es gäbe nur eine Galaxis, die einsam im Zentrum des Universums rotiert. Aber auch das war falsch, denn jetzt wissen wir, dass es unzählige Galaxien gibt. Aktuell sind wir der Auffassung, dass der Urknall nur ein Universum hervorgebracht habe – unseres. Man könnte meinen, der Mensch lerne es nie.

Nachdem wir in Kapitel 4 die Grenzen des Wissens hinter uns gelassen haben und schon tief in der Zone des Unbekannten sind, schließen wir mit Kapitel 5 ab. Darin geht es um die Rolle der Information in der belebten und unbelebten Natur. Was ist „Information“ überhaupt? Hat sie physikalische Realität oder existiert sie nur im menschlichen Verstand? Was kann sie erklären? Es gibt Theorien, die nicht etwa Materie als Basis allen Seins ansehen, sondern Information. Ihr Credo lautet „It from Bit“. Unsere Welt wird darin zum gigantischen Computer. Es hört sich an wie eine Hollywood-Fantasie, und doch existieren experimentelle Befunde, die auf die fundamentale Bedeutung der Information in der unbelebten Natur hinweisen. Schließlich kann sie auch als „Geist“ paraphrasiert werden. Und an dieser Stelle wird es etwas unheimlich.

# Das Weltbild der Physik: Was ist ein Universum und wie ist unseres entstanden? 2

**Der klassische Physikunterricht** beginnt mit der Mechanik, weil sie gemeinhin als das einfachste Teilgebiet gilt. Ab der sechsten Klasse lernt man deshalb zunächst die Newtonschen Axiome und die Kraftgesetze. Für gewöhnlich fährt man dann mit der schiefen Ebene und dem Pendel fort. Aber spätestens dort haben die meisten Schülerinnen und Schüler bereits entschieden, dass sie in der Oberstufe doch lieber Biologie wählen, weil das Studium der unbelebten Natur allem Anschein nach gähnend langweilig ist. Diese klassische Art der Einführung in die Physik könnte man also getrost als didaktisch ungeschickt bezeichnen. Deshalb gehen wir hier einen anderen Weg. Folgendes Gedankenexperiment: Nehmen wir einmal an, wir hätten absolute Macht über die Wirklichkeit und würden uns entscheiden, ein neues Universum zu erschaffen. Was bräuchten wir dazu? Anders gefragt: Was sind – laut unserem heutigen Wissensstand – die Bestandteile eines Universums? Tatsächlich benötigt man nur fünf Komponenten: die Raumzeit, die Elementarteilchen, die Naturkräfte, die Naturgesetze und die Naturkonstanten. Wir werden jeder von ihnen einen eigenen Anschnitt widmen.

In der Vorstellung der klassischen Physik ist der Raum eine leere Bühne, auf der sich Kügelchen in Form von Elementarteilchen bewegen, die ihrerseits über Federn, die Naturkräfte, miteinander verbunden sind. Die Zeit besteht aus Momentaufnahmen, die rasch aufeinander folgen. In jedem Standbild haben sich die Kügelchen etwas weiterbewegt – ganz wie in einem klassischen Zelluloidstreifen. Jede dieser Momentaufnahmen ist mit der nächsten über die Naturgesetze verbunden. Sie bestimmen, wie das nächste Bild auszusehen hat. Der Unterschied zum Film ist lediglich, dass die „Bilder“ in der Realität im Gegensatz zu Fotos drei- anstatt nur zweidimensional sind. Diese Vorstellung bildet die Grundlage der klassischen Physik und herrschte etwa bis zum Jahr 1900 vor. Der Raum ist die Bühne, die Kügelchen rollen verbunden durch die Federn der Naturkräfte darin herum und Zeit ist ein Film aus einzelnen aufeinanderfolgenden Standbildern. Wenn das richtig wäre, hätten wir allerdings keinen freien Willen, da sich die Zukunft exakt bestimmen ließe, würde man nur die Koordinaten und Geschwindigkeiten aller Atome zu einem beliebigen Zeitpunkt kennen. Dann verliefe die komplette Geschichte des Universums seit Anbeginn der Zeit praktisch auf Schienen. Das entspricht aber nicht unserer Wahrnehmung und ist, wie wir heute wissen, auch nicht der Fall.

Es fehlen nun noch zwei Komponenten in unserem künstlichen Universum, um dessen Eigenschaften endgültig festzulegen: die Naturgesetze und Naturkonstanten. Im Gegensatz zu den Beschlüssen der Legislative in den Parlamenten oder der Materie, mit der sich die Juristerei beschäftigt, folgen die Abläufe im Universum Regeln, die ihrer Wesensart nach unmöglich zu verletzen sind. Die Naturgesetze diktieren den Gebilden auf der Bühne der Raumzeit auf, wie sie sich zu verhalten haben. In unserer Analogie kämen sie einer Art Drehbuch gleich. Schließlich könnten die Kügelchen leichter oder schwerer sein, die Federn härter oder weicher und der Film schneller oder langsamer laufen. Diese Details werden von den Naturkonstanten bestimmt. Haben wir diese fünf Komponenten also beisammen, brauchen wir nur noch eine Anleitung, wie man daraus ein Universum baut. Dazu werfen wir einen Blick in die Vergangenheit. Denn auch unser Universum ist natürlich entstanden und wie das genau kam, erklärt die Urknalltheorie. Sie verdient daher eine eigene Station auf unserer Reise durch die moderne Physik.

## 2.1. Die Raumzeit

**Früher nahm man an,** ein Vakuum bezeichne die Abwesenheit von allem, was wir kennen. Demzufolge läge ein solches vor, wenn wir aus einem Volumen alle Atome, insbesondere die Luft, entfernten. Aber diese Vorstellung musste im Verlauf des

20. Jahrhunderts mehrfach revidiert werden. Es gab insgesamt vier Revolutionen hinsichtlich unserer Konzeption, worum es sich bei Raum und Zeit genau handelt. Wir waren gleich einem Fisch, der nicht weiß, was Wasser ist, weil er den Zustand „kein Wasser“ nicht kennt. Für ihn wäre die Abwesenheit von allem Bekannten, also anderen Fischen, Quallen, Plankton, Sandkörnern und Schmutzpartikeln, ein „Vakuum“ – für uns von außen aber nur sauberes, klares Wasser. Allerdings könnte einem besonders achtsamen Fisch auffallen, dass sein „Vakuum“ eine Temperatur hat und Druck ausübt. Auch bemerkt er möglicherweise am Widerstand, wenn er schnell schwimmt, dass es eine Masse haben muss. Vielleicht stellt er außerdem fest, dass sein Vakuum sich bewegt, denn es gibt Strömungen. Wenn unser Fisch also sehr nachdenklich wäre, käme er ins Grübeln, wie ein „Nichts“ Temperatur, Druck, Masse und Strömungen haben könnte. Wir wissen natürlich, dass Wasser eine Substanz mit allen diesen Eigenschaften ist und fühlen uns dem Fisch überlegen. Aber was wäre, wenn unser Vakuum – das vermeintliche „richtige Vakuum“ – auch Temperatur, Druck, Widerstand und Strömungen hätte? Nach den neueren Erkenntnissen der Physik ist dem so, jedoch fällt es uns genauso schwer wie dem Fisch im Wasser, die dahinterliegende Substanz zu erkennen. Dazu bräuchten wir die Erfahrung „kein Vakuum“, doch um sie zu erlangen, müssten wir unser Universum verlassen. Was aber anscheinend nicht geht, denn vermeintlich gibt es ja nur das eine.

Dass es sich bei unserem Vakuum um etwas anderes handelt als das Nichts, also die Abwesenheit von allem Bekannten, verstößt gegen den gesunden Menschenverstand. Er sagt uns, was in unserer vertrauten Umwelt vernünftig ist, zum Beispiel, dass die Uhren gleich schnell gehen und die Erde bis zum Horizont flach verläuft. Was dahinter liegt, hat auf unseren unmittelbaren Alltag normalerweise keine Auswirkung.

Der gesunde Menschenverstand hilft uns aber nicht viel, wenn wir bis an die Grenzen des Wissens und darüber hinaus gelangen wollen, weil unsere ureigene Denke ein Kind der klassischen Physik ist – und damit seit rund 120 Jahren veraltet. Gräbt man noch etwas tiefer, beruht unser Alltagssinn auf einem mentalen Modell der Realität, das sich evolutionär über Jahrtausende entwickelt hat. Wir können uns vorstellen, an einem Strand zu liegen, Auto zu fahren oder einen Berg zu besteigen. Wir sind sogar in der Lage, uns die kalte Luft auf einer Bergspitze zu vergegenwärtigen oder das Gefühl, einen Schneeball zu formen. In unseren Köpfen existiert eine virtuelle Realität, die genau den gleichen physikalischen Gesetzen gehorcht, die auch in unserer normalen Lebenswelt gelten. Im Alltag reicht die Annahme, dass die Erde flach sei, völlig aus, denn bei den geringen Entfernungen, mit denen wir es als Fußgänger und Radfahrer meist zu tun haben, verhält sie sich in der Tat wie eine Scheibe. Der gesunde Menschenverstand hat auf der Basis von Jahrtausenden an Erfahrung daher große Mühe zu akzeptieren, dass es sich bei ihr in Wirklichkeit um eine Kugel handelt. Das sehen wir erst so richtig ein, wenn wir unseren angestammten Lebensraum, zumindest bildlich, verlassen und die Erde von außen aus dem Weltraum betrachten.

Dass Raum und Zeit etwas anderes sind als von der klassischen Physik angenommen, offenbart sich auch erst bei Bedingungen, die in unserer täglichen Umwelt nicht auftreten. Ein Beispiel wäre die spezielle Relativitätstheorie, deren Effekte erst greifbar werden, wenn sich ein Objekt langsam der Lichtgeschwindigkeit nähert. Diese Phänomene führten zu der ersten Revolution bezüglich unserer Vorstellung von Raum und Zeit.

Nehmen wir einmal an, es gäbe eine neue Art von Gleisen, auf denen Züge extrem hohe Geschwindigkeiten erreichen könnten. Eine Lokomotive zieht darauf nun einen langen flachen Waggon, ähnlich einer Piste, auf dem sich ein Radfahrer seinerseits in Fahrtrichtung bewegt. Bei normalen Verhältnissen würde sich die Geschwindigkeit des Radlers, vom Bahnsteig aus gemessen, zu der Geschwindigkeit des Zuges hinzuaddieren. Der Radfahrer wäre also ein bisschen schneller unterwegs als die Lokomotive, zumindest bis er am vorderen Ende des Waggons angelangt ist. Nun beschleunigt unser fiktiver Zug aber immer mehr und nähert sich der Lichtgeschwindigkeit an. Gälte die obige Regel, dass sich die Geschwindigkeiten addierten, wäre der Radler dann irgendwann schneller als das Licht. Das ist jedoch nicht möglich – jedenfalls nicht in unserem Universum. Stattdessen geschieht etwas sehr Merkwürdiges: Der Radfahrer scheint – wieder vom Bahnsteig aus betrachtet – immer langsamer voranzukommen. Er bewegt sich nur noch in Zeitlupe, bis er schließlich erstarrt.

In seiner eigenen Wahrnehmung bleibt er aber nicht stehen, sondern tritt munter weiter, auch dann, wenn der Zug die Lichtgeschwindigkeit bereits annähernd erreicht hat. Doch wenn er sich umschaut, wird er bemerken, dass das Universum plötzlich ganz fremdartig aussieht. Es ist in der Richtung, in die sich der Zug bewegt, zusammengeschnurrt. Bei Nacht wären die zuvor weit entfernten Sterne plötzlich ganz nah. Das Universum ist in der Bewegungsrichtung kontrahiert. Dafür steht vom Bahnsteig aus gesehen die Zeit im Zug fast still. Diese beiden merkwürdigen Phänomene heißen in der Physik Zeitdilatation und Längenkontraktion. Ihr gemeinsames Auftreten illustriert den engen Zusammenhang zwischen den Dingen, die wir jeweils „Raum" und „Zeit" nennen. Einstein sprach von einer „vierdimensionalen Gallerte" – Länge, Breite und Tiefe im Raum sind die ersten drei und die Zeit schließlich die vierte Dimension –, denn beide können gestaucht und gedehnt werden.

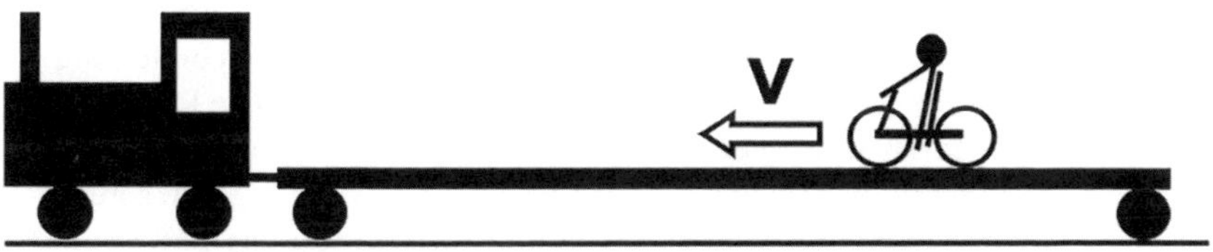


Abb. 2: Ein Radfahrer, der sich auf einem langen flachen Waggon in Richtung der Lokomotive bewegt, wäre, wenn der Zug die Lichtgeschwindigkeit erreicht, schneller als das Licht. Das ist aber in unserem Universum nicht möglich und daher vergeht die Zeit in dem sich beschleunigenden Zug von außen gesehen immer langsamer. Sie wird relativ, denn für den Radfahrer vergeht sie nach wie vor normal. Dafür ist sein Universum in Fahrtrichtung enorm gestaucht.

Es gibt also in unserem Universum, unserem „Vakuum", eine maximale Geschwindigkeit. Nähert man sich ihr an, werden Raum und Zeit verzerrt. Damit ist klar, dass diese beiden Größen nicht etwa unterschiedliche Dinge, sondern irgendwie miteinander verbandelt sind. Auch spielt die Zeit nicht nur die Rolle eines sturen Taktgebers, denn sie vergeht, je nachdem wie schnell man sich fortbewegt, unterschiedlich rasch. Dass es eine maximale Geschwindigkeit gibt, könnte man alternativ so deuten, dass sich die Raumzeit übermäßig schnellen Bewegungen entgegenstemmt. Dies ist unser erster Hinweis, dass es sich bei ihr nicht einfach nur um eine leere Bühne handelt.

Das Ganze hat eine faszinierende Konsequenz. Wenn Raumfahrer mit einer sehr schnellen Rakete zu einem fremden Sonnensystem aufbrechen, wird die Entfernung immer kürzer, je schneller sie fliegen. Ihr Ziel kommt ihnen praktisch entgegen. Von der Erde aus gesehen schreitet dafür die Zeit in der Rakete kaum voran. Die Raumfahrer brauchen für Distanzen von vielen Lichtjahren nur wenige Wochen oder Monate. Aus der Erdenperspektive, weil die Zeit in der Rakete aufgrund der Dilation langsamer vergeht; aus der Raumfahrerperspektive, weil ihnen das Sonnensystem durch die Längenkontraktion quasi zufliegt. Kehrt die Rakete wieder zur Erde zurück, ist für ihre Insassen kaum Zeit vergangen. Für die Erdbewohner waren sie aber viele Jahre unterwegs. Die Raumfahrer sind praktisch nicht gealtert. Wir halten also fest: Raum und Zeit sind etwas Anderes, als uns unser gesunder Menschenverstand suggeriert. Doch das ist noch längst nicht alles.

Einstein hatte mit seiner Antwort auf die Frage, um was es sich bei der Schwerkraft eigentlich handelt, unsere Vorstellung von Raum und Zeit ein zweites Mal revolutioniert: Die Raumzeit wird durch Masse gekrümmt. Ein Gegenstand, den man draußen im Weltall loslässt, würde aufgrund der Schwerelosigkeit, sofern man vorsichtig genug ist, bis in alle Ewigkeit an Ort und Stelle schweben bleiben. Aber auf der Erdoberfläche fällt er bei stetig zunehmender Geschwindigkeit in Richtung Erdmittelpunkt, bis er auf ein Hindernis, zum Beispiel den Boden, trifft. Doch was „zieht" an dem fallenden Gegenstand? Was beschleunigt ihn? Sind es winzige Teilchen, die wir noch nicht entdeckt haben? Oder geisterhafte Fäden eines unsichtbaren Kraftfeldes? Was ist überhaupt ein „Feld"? Einstein kam im Rahmen seiner Theorie der Gravitation auf die Idee, dass der Raum selbst in der Nähe einer Masse anders beschaffen sein muss als draußen im freien Weltall. Wir denken zurück an den ahnungslosen Fisch: Die Allgemeine Relativitätstheorie liefert einen weiteren Hinweis darauf, dass Raum und Zeit ein vierdimensionales „Etwas" sind.

Ähnlich wie bei hohen Geschwindigkeiten werden in der Nähe von Massen der Raum gestaucht und die Zeit verlangsamt. In schwachen Gravitationsfeldern, so wie bei uns auf der Erde, ist die Zeitdilation der Haupteffekt der Raumkrümmung. Massen und sogar Lichtstrahlen werden in Zonen langsamer vergehender Zeit scheinbar hineingezogen. Hier hilft vielleicht ein Beispiel aus unserem Alltag: Wenn sich bei einem Fahrzeug die Räder auf einer Seite langsamer drehen als auf der anderen, beschreibt seine Fahrbahn eine Kurve. Sie ist gekrümmt, und zwar in Richtung der sich langsamer drehenden Räder. Wie die meisten Alltagsvergleiche hinkt das Beispiel natürlich, aber immerhin veranschaulicht es den relevanten Zusammenhang zwischen Raum (in Form der geänderten Bahn) und Zeit (in Form des Geschwindigkeitsunterschiedes).

Tatsächlich werden Objekte nicht in Gravitationsfelder hineingezogen oder abgelenkt, sondern es scheint für uns nur so. Die in der Nähe einer großen Masse wie der Sonne oder einem Schwarzen Loch gekrümmten Lichtstrahlen fliegen „in Wirklichkeit" geradeaus, da sie ihrer Natur nach immer geradlinig unterwegs sein müssen. So jedenfalls Einsteins Idee. Wenn ihre Bahn uns von außen kurvenartig vorkommt, dann liegt das daran, dass die Raumzeit in der Nähe dieser großen Massen gekrümmt ist. Diese Formulierung klingt merkwürdig, denn wie kann ein „Nichts" gekrümmt sein? Und doch ist es so: Auf der Oberfläche eines Neutronensterns, einem Himmelskörper aus hochdichter Kernmaterie, herrscht beispielsweise eine enorme Schwerkraft. Mittels moderner Teleskope können wir nachweisen, dass die Zeit dort erheblich langsamer vergeht als im Rest des Universums. Auch der Raum ist gestaucht, wenngleich sich das etwas schwerer messen lässt. Umgekehrt würden für einen Beobachter auf der Oberfläche eines Neutronensterns die Vorgänge draußen im Universum im Zeitraffer ablaufen.

Wir haben kein Sinnesorgan für Raum und Zeit, da wir als Lebewesen selbst in ihnen verankert sind. Jedes Molekül, jeder Prozess in unserem Körper, jeder elektrische Impuls in unserem Gehirn ist in die Raumzeit eingebettet und Teil von ihr. So haben wir auch keine Chance, sie als ein „Etwas" wahrzunehmen. Aber mit der Hilfe unserer modernen physikalischen Messinstrumente finden wir heute immer mehr Indizien, dass es sich bei der Raumzeit in der Tat um eine Substanz handelt. Irgendwann offenbart sich uns vielleicht auch der Zustand „keine Raumzeit". Doch das ist nach dem heutigen Wissensstand der Physik noch undenkbar.

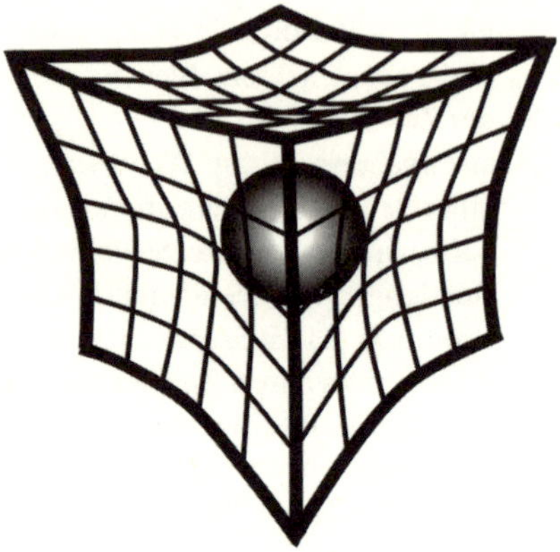

Abb. 3: Durch die Nähe einer Masse wie etwa der Erde wird die Raumzeit wie eine Gummimasse gestaucht. Die Zeit vergeht langsamer und der Raum zieht sich zusammen. Ist die Masse wie in einem Schwarzen Loch sehr groß, bleibt die Zeit sogar stehen.

Raum und Zeit hängen also zusammen und müssen mathematisch als vierdimensionale Einheit behandelt werden. Gleichzeitig gibt es, ähnlich wie bei der Schallgeschwindigkeit in der Luft oder im Wasser, eine maximale Geschwindigkeit, nämlich die des Lichts. Auch das liefert einen Hinweis darauf, dass die Raumzeit mehr ist als einfach ein Nichts. Doch die Wissenschaft kennt ein noch viel stärkeres Indiz: Die Raumzeit hat nämlich Energie und damit auch Masse. Mit dieser experimentellen Beobachtung gelingt uns der Beweis. Dabei stellt sich nur die Frage, ob andere Substanzen neben der Raumzeit existieren. Aber das trägt uns bereits – und wir sind erst am Beginn des Buchs – jenseits der Grenzen des Wissens.

Wie kommt man zu der Vorstellung, dass die Raumzeit Energie und Masse hat? Grundlage dieser These sind die sogenannten Vakuumfluktuationen. Stellen wir uns einen Kubikmeter leeren Raums vor, sorgfältig gegenüber Lichteinstrahlung und anderen äußeren Einflüssen abgeschirmt. Nach der althergebrachten Vorstellung befindet sich in diesem Bereich nun „nichts", das heißt, er enthält weder Elektronen noch Atomkerne noch Photonen. Entsprechend müsste es an diesem imaginären Ort auch keine Masse oder Energie geben. Das ist aber nicht richtig. Denn die Quantentheorie kennt die Zahl Null nicht, jedenfalls was die Anzahl von bestimmten Teilchen angeht. Im Rahmen der Zeit-Energie-Unschärferelation entstehen in jedem Kubikmeter Raum ständig Teilchen-Antiteilchen-Paare und verschwinden wieder. Dieses „Nullpunktrauschen" oder „Nullpunktzittern" findet sich überall, auch bei einem ganz normalen mechanischen Pendel.

Der Zusammenhang mag nicht direkt einleuchten. Nehmen wir daher eine alte Standuhr als Beispiel. Zieht man sie nicht mehr auf, hört ihr Pendel irgendwann auf zu schwingen. Für uns sieht es dann so aus, als würde es vollkommen ruhen. Um sicherzugehen, können wir es vor allen Einflüssen von außen wie etwa einem Luftzug oder auch Licht abschirmen. Trotzdem wird eine sehr genaue Messung zeigen, dass das Pendel zittert. Genauer gesagt schwingt es immer noch, allerdings mit einer extrem kleinen Amplitude. Das ist die sogenannte Nullpunktsschwingung, die das Pendel auch dann vollführt, wenn ihm alle Energie entzogen wurde. Sie ließe sich selbst am absoluten Tiefpunkt der Temperatur noch messen. Es bleibt ein Rest zurück, den wir in der Physik als Nullpunktsenergie bezeichnen. Die tiefere Ursache dafür ist der Welle-Teilchen-Dualismus. Auch Materie wie das Pendel, die vermeintlich nur aus Teilchen besteht, hat einen Wellencharakter und eine Welle kann nicht völlig zum Stillstand kommen, denn dann gäbe es sie nicht mehr. Diese Besonderheit der Materie bildet auch den Hintergrund für die Heisenbergsche Unschärferelation, hier zwischen Ort und Impuls. Ihr zufolge ist es nicht möglich, diese beiden Eigenschaften zur selben Zeit scharf zu bestimmen. Das bedeutet, dass sich das Pendel nicht gleichzeitig an einem genau definierten Ort mit einem genau definierten Impuls befinden kann. Das wäre aber der Fall, wenn es ruhen würde. In diesem Zustand ließe sich nämlich der Ort genau bestimmen und der Impuls läge bei null. Also muss die Pendelgeschwindigkeit abweichen. Es bleibt immer ein Restzittern.

Dasselbe Prinzip gilt auch für das Licht in unserem Kubikmeter Raumzeit im Nichts. In der Vorstellung der Quantenmechanik besteht das Vakuum aus Feldern wie zum Beispiel dem Lichtfeld. Das heißt, dass die Möglichkeit für die Existenz von Licht selbst bei völliger Dunkelheit bereits im Vakuum der Raumzeit angelegt ist. Und nun tritt wieder dieses Phänomen der Quantenmechanik auf, dass es genau null nicht geben kann. In diesem Fall gilt es für die Intensität des Lichts, genauer gesagt die Zahl der Lichtteilchen. Sie kann nicht null sein. Folglich gibt es ein Nullpunktzittern des Lichtfeldes, ein minimales Glitzern der Raumzeit, und es ist nie vollkommen dunkel.

Dieses Funkeln wird durch eine zweite Unschärferelation, die Zeit-Energie-Unschärferelation, möglich gemacht. Für einen winzigen Augenblick kann nämlich ein Photon – entgegen dem übergeordneten Naturgesetz der Energieerhaltung – aus dem Nichts entstehen. Allerdings verschwindet es genauso schnell auch wieder, denn es existiert nur von geliehener Energie. Das geschieht ständig und überall in jedem Kubikmeter der Raumzeit. Im zeitlichen Mittel ist dann die Zahl der Lichtteilchen nicht null, sondern hat einen sehr kleinen positiven Wert. Das gilt auch für alle anderen Arten an Teilchen, solange die Naturgesetze dabei eingehalten werden. Wenn zum Beispiel im Rahmen dieser Zeit-Energie-Unschärferelation spontan ein Elektron entsteht, dann muss aufgrund der Erhaltung des Drehimpulses und der Ladung gleichzeitig auch sein Antiteilchen, ein Positron, entstehen. Es werden also im Nichts ständig für kurze Zeit Teilchen-Antiteilchen-Paare erschaffen. Damit ist die Anzahl der Elektronen in einem vermeintlich leeren Kubikmeter Raumzeit nicht null, sondern fluktuiert ständig bei einem kleinen Wert darüber.

Dieses Zittern nennt man Vakuumfluktuation. Im Laufe dieses Buches wird sich noch herausstellen, dass man Teilchen wie Elektronen und Photonen auch als Anregungszustände der Raumzeit betrachten kann. Sie sind wie Wirbel auf einer Wasseroberfläche, die auf den ersten Blick scheinbar ruhig ist, doch bei genauerem Hinsehen ständig fluktuiert. Unter einem unmöglich präzisen Mikroskop mit fantastischer Auflösung sähe die Raumzeit wie eine stürmische Meeresoberfläche aus, obwohl sie auf uns – in weiter Ferne – völlig still wirkt.

Damit hat aber der vermeintlich leere Kubikmeter Raumzeit Energie und weil Energie nach Einsteins berühmter Formel gleich Masse ist, hat die Raumzeit auch Masse. Uns geht es nun endgültig wie dem Fisch, der entdeckt, dass es sich bei dem Wasser, in dem er lebt, um ein „Etwas" handelt. In unserem Fall lassen sich die Vakuumfluktuationen allerdings nur schwer direkt nachweisen. Sie tauchen meistens indirekt in physikalischen Theorien für unterschiedliche Phänomene auf. Da wäre zum Beispiel die Lichtemission von angeregten Atomen, ein Effekt, der sich gut anhand von Natriumdampflampen, wie sie in vielen Städten als Straßenlaternen eingesetzt werden, veranschaulichen lässt. Nach der Vorstellung der Quantenmechanik sind die angeregten

Natriumatome wie gespannte Federn, ähnlich einer Mausefalle, die sich aber zunächst nicht entladen können. Erst wenn sie gestört werden, können sie in ihren Grundzustand zurückfallen und dabei emittieren sie ein Lichtteilchen. Auch die Mausefalle schnappt nur durch eine Erschütterung zu – zum Beispiel durch ein Nagetier oder unachtsame Finger. Im Fall der angerengten Natriumatome sind diese Erschütterungen die Nullpunktfluktuationen der Raumzeit. Für einen kurzen Moment existiert ein elektrisches Feld, welches das Natriumatom anstößt und es diesem ermöglicht, in seinen Grundzustand überzugehen und Energie in Form von Licht abzustrahlen.

Eine weitere bisher noch spekulative Auswirkung der Vakuumfluktuationen ist die sogenannte Hawking-Strahlung, auf die wir später ausführlicher zurückkommen werden. Stephen Hawking hat vorhergesagt, dass Schwarze Löcher wider Erwarten eine Art von Strahlung abgeben, obwohl in ihrem Inneren die Zeit stehen geblieben ist. Würden sie nichts abstrahlen, müssten sie eigentlich ewig existieren. Aber das scheint nicht zu stimmen. An der Oberfläche der Schwarzen Löcher ist die Zeit zwar stark verlangsamt, doch nicht ganz angehalten. Auch dort entstehen ständig Teilchen-Antiteilchen-Paare und fliegen während ihrer kurzen Existenz ein kleines Stückchen weit. Wenn nun zufällig eines der beiden Teilchen in Richtung des Schwarzen Lochs fliegt, wird es von diesem verschluckt. Dann hat sein Gegenstück, das im normalen Bereich des Universums verbleibt, keinen Partner und kann nicht mehr verschwinden. Denn auch hier – also bei der Vernichtung von Materie und Antimaterie – gelten die Erhaltungssätze des Drehimpulses und der elektrischen Ladung. So verbleibt das zurückgelassene Teilchen und wird real. Das gilt insbesondere für Lichtteilchen, weshalb die Schwarzen Löcher laut Hawking eine sehr schwache elektromagnetische Strahlung emittieren. Auch sie wäre eine Konsequenz der Vakuumfluktuationen. Seine Vorhersage konnte bisher allerdings noch nicht nachgewiesen werden.

Ein weiteres Phänomen, das man gut mit der Hypothese der Vakuumfluktuationen erklären kann, ist der Casimir-Effekt. Es ist nämlich so, dass das Vakuum einen Druck ausübt, der von allen Seiten auf die Objekte im Raum wirkt. In unserem Alltag bemerken wir diesen selbstverständlich nicht, genauso wenig, wie unser Fisch den Druck des Wassers um sich herum bemerkt. Im Casimir-Experiment lässt er sich aber nachweisen. Dabei stehen sich zwei Metallplatten dicht gegenüber, sodass sie lediglich ein schmaler Spalt trennt. Die Vakuumfluktuationen sind in diesem engen Zwischenbereich weniger heftig. Als Folge davon ist der Druck von innen geringer als von außen und presst die beiden Platten zusammen. Bei sehr kleinen Ausgangsentfernungen im Nanometerbereich ist diese Kraft sogar äußerst stark und liegt bei etwa einem Bar. Eine physikalische Erklärung, warum die Anziehungskraft genau entsteht, würde an dieser Stelle aber zu weit führen. Die Beobachtung des Casimir-Effekts erlaubt es uns, Druck zu den Eigenschaften unseres Vakuums hinzuzufügen.

Schließlich scheint es sogar Strömungen zu geben. So wird beispielsweise die Raumzeit in der Umgebung eines rotierenden Schwarzen Lochs mitgewirbelt. Im Englischen heißt der Effekt „Frame Dragging", also ein Mitziehen des Bezugsrahmens. Allerdings ist die Raumzeit im Gegensatz zu Wasser nur mit sehr hohen Energien und sehr starken Gravitationsfeldern merklich beeinflussbar und deshalb treten diese Phänomene nicht in unserer normalen Umgebung auf, sondern lediglich in der Nähe von sehr schweren, rotierenden Massen.

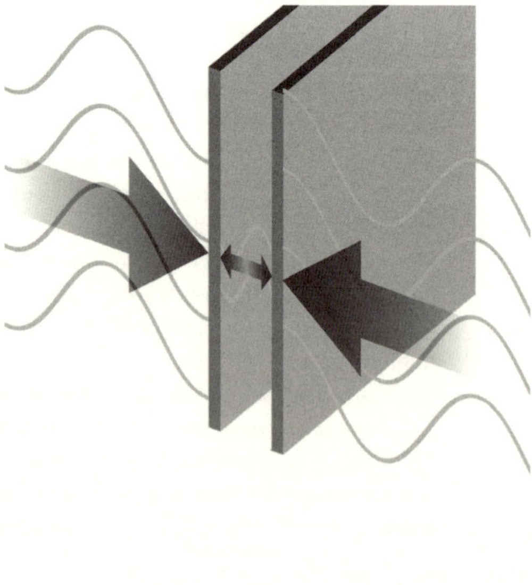

Abb. 4: Der Casimir-Effekt ist das Zusammendrücken zweier eng beieinanderstehender Metallplatten durch die Vakuumfluktuationen (Wellen). Zwischen den Platten sind letztere aufgrund von Quantisierungs-effekten schwächer. Daher ist der entstehende Druck (Doppelpfeil) innen geringer als außen (große Pfeile).

Bei Raum und Zeit handelt es sich also um ganz andere Dinge, als unsere alte Vorstellung nahelegen würde. Insbesondere hat die Raumzeit Substanz, sie ist ein „Etwas". Was für ein Etwas sie aber genau sein soll, bleibt noch offen. Es gibt spekulative Theorien, die mit neuen Ansätzen versuchen, die bisher bekannten Phänomene auf einer höheren Ebene zu erklären. Dazu gehört die Stringtheorie, welche die Raumzeit als ein Gewebe unvorstellbar winziger Fasern beschreibt. Teilchen und Felder wären demnach Schwingungen dieser „Strings". Damit stellt sie einen Versuch dar, die vier Naturkräfte zu vereinheitlichen, denn bisher passt die Gravitation absolut nicht in die Welt der Quantenphysik, die erfolgreich die anderen drei Naturkräfte – die starke, die schwache und die elektromagnetische Wechselwirkung – erklären kann. Sobald man der Quantenmechanik die Gravitation hinzufügt, kollabiert sie. Umgekehrt gilt das Gleiche. Obwohl die beiden großen Theoriegebäude der modernen Physik den Anspruch uneingeschränkter Gültigkeit erheben, passen sie schlichtweg nicht zueinander. Das ist vielleicht das schwierigste Problem unserer Disziplin.

Mit der Stringtheorie unternimmt man einen Lösungsversuch. Besonders faszinierend an ihr ist, dass sie von zusätzlichen Raumdimensionen ausgeht; einige Ansätze arbeiten mit elf oder sogar mehr. Die von ihr postulierten Strings sind allerdings so klein, dass sie sich jedem vorstellbaren Versuch eines experimentellen Nachweises entziehen. Damit ist sie auch keine echte naturwissenschaftliche Theorie, da Naturwissenschaft auf dem Vergleich von Theorie und Experiment beruht. Die Stringtheorie illustriert aber die gewaltigen intellektuellen Anstrengungen der theoretischen Physik, das – in diesem Kontext buchstäbliche – Gewebe der Wirklichkeit zu verstehen. Ob sie auch nur im Entferntesten mit der Realität übereinstimmt, wissen wir nicht. Inzwischen ist die Stringtheorie genau wegen dieses Mangels an experimentellen Beweismöglichkeiten aus der Mode gekommen – ein Freispruch aufgrund fehlender Beweise, was aber auch bedeuten kann, dass sie doch Wahrheit enthält.

Ihre Nachfolgerin ist die Schleifenquantengravitation, welche die Raumzeit ebenfalls als ein Gewebe aus nur mathematisch erfassbaren Linien und Knoten ansieht. Auch sie stellt einen Versuch dar, Relativitätstheorie und Quantenphysik miteinander zu vereinigen. Diese recht neue Modellvorstellung kommt mit den drei herkömmlichen Raumdimensionen und der Zeit aus. Das ist der erste große Unterschied zur Stringtheorie. Außerdem nimmt sie an, dass auch die Raumzeit, die in der normalen Physik als Kontinuum beschrieben wird, in Wirklichkeit quantisiert ist. Raum und Zeit sind quasi „Pixel" wie auf einem Flachbildschirm, die zusammengenommen die Welt, wie wir sie alltäglich wahrnehmen, ausmachen.

Experimentell lassen sich beide Theorien nicht direkt überprüfen, denn die Größenskalen sowohl der Strings als auch der Linien und Knoten der Schleifenquantengravitation liegen in einem Bereich unterhalb von $10^{-34}$ Metern. Das wäre die Größe eines raumzeitlichen Pixels in wissenschaftlicher Notation, mit der man sehr kleine Zahlen kompakt wiedergeben kann. Die negative Hochzahl repräsentiert dabei einfach die Verschiebung des Kommas nach links: $10^{-2}$ sind also 0,01 und $10^{-34}$ entsprechend eine Eins mit 34 Nullen davor. Eine mögliche Quantisierung der Zeit – dann wäre sie tatsächlich eine Folge von Momentaufnahmen analog zu einem Zelluloidstreifen – wird bei Intervallen von $10^{-43}$ Sekunden erwartet. Die kürzeste Spanne, die wir heute in Experimenten messen können, liegt hingegen im Bereich von $10^{-18}$ Sekunden. Wir sind also noch viel zu langsam, um dem Phänomen auf die Spur zu kommen. Die beste Ortsauflösung wird mit gigantischen Teilchenbeschleunigungen in Streuexperimenten erreicht und liegt bei $10^{-20}$ Metern – ebenfalls viel zu grob, als dass man eine Pixelung des Raums entdecken könnte. Das soll nicht bedeuten, dass die Schleifenquantentheorie falsch ist, sondern nur, dass der Nachweis mit dem heutigen Stand der experimentellen Möglichkeiten ähnlich schwierig wäre wie die Entdeckung der Quarks mit der Technik des 19. Jahrhunderts. Die Theorie befindet sich allerdings noch in der Entwicklung und vielleicht gelingt es ihr in Zukunft, empirisch überprüfbare Vorhersagen zu machen.

An diesem Punkt haben wir gezeigt, dass die Raumzeit Energie und Masse hat, gedehnt und gestaucht werden kann, und dass es Druck und Strömungen gibt. Man könnte ihr auch eine Temperatur zuordnen, denn die Raumzeit ist im ganzen Universum von der kosmischen Hintergrundstrahlung, dem Nachglühen des Urknalls mit einer Temperatur von 2,725 Grad Kelvin (oder

-270,4 Grad Celsius), erfüllt. Damit liegt sie nahe dem absoluten Nullpunkt. Die Raumzeit ist also bewiesenermaßen ein „Etwas", doch was sie wirklich ist oder ob es außer ihr noch etwas anderes gibt, wissen wir nicht. An dieser Stelle könnten wir das Kapitel beenden und uns den Akteuren auf der Bühne zuwenden, den Teilchen. Aber da wäre noch ein offener Punkt. Aus den vier Dimensionen der Raumzeit sticht die Zeit neben den drei bekannten Raumdimensionen nämlich merkwürdig hervor.

Vor rund 1000 Jahren bauten die Menschen die ersten mechanischen Uhren, mit denen sie nun die Zeit, die damals einen religiösen Charakter hatte, messen konnten. Daher montierte man diese auch in Kirchtürme, um die göttliche Ordnung auf der Erde sichtbar zu machen. Die Sonne, der Mond, die Planeten und die Sterne bewegen sich auf periodischen Bahnen nach einem strengen Zeitplan am Himmel. Uhren waren ein Abbild dieser kosmischen Abläufe, ein Zeugnis der Ordnung im Universum. In dieser Anschauung kontrolliert die Zeit die Abläufe. Ist sie also eine Art Fahrplan?

Für ein Lebewesen läuft die Zeit von seiner Geburt bis zu seinem Tod kontinuierlich, wie eine Reise auf einem Fluss von der Quelle bis zur Mündung. Tiere haben ein begrenzteres Zeitempfinden als die Menschen und existieren hauptsächlich im Augenblick. Sie erinnern sich bestenfalls verschwommen an das Vergangene und sehen nur die unmittelbar vor ihnen liegende Zukunft. Menschen nehmen eine längere Strecke des Flusses wahr. Sie erinnern sich an die Vergangenheit und können mit ihrer Vorstellungskraft auch weit in die Zukunft vordringen. Das ermöglicht es ihnen, ihr Handeln in komplexen Plänen zu formulieren. Allerdings ist diese längere Strecke von vielleicht einigen Jahrzehnten im Vergleich zu den Zeiten, die im Universum eine Rolle spielen, immer noch sehr kurz. Veränderungen auf dieser Skala messen sich in Jahrtausenden oder Jahrmillionen. Hundert Jahre sind für das Universum ein Augenblick und angesichts kosmischer Zeiträume sind wir nur auf einem nebeligen Fluss unterwegs. Die Wissenschaft kann die Schwaden aber ein wenig lichten. Durch ihr Werk sehen wir die Zyklen der Eiszeiten, die Bewegungen gigantischer Gesteinsformationen und die Geburt von Gestirnen. Kraft der Physik haben wir eine Vorstellung von der Entstehung unseres Sonnensystems und kennen auch das

Ende der Erde, wenn sie von der sterbenden Sonne verschlungen wird. Ungeheure Zeiträume tun sich auf. Aber die Frage, was Zeit eigentlich ist, bleibt damit immer noch unbeantwortet.

Eine Möglichkeit, die Frage nach dem Wesen der Zeit zu beantworten, besteht in der Behauptung, dass es sich bei ihr nur um eine Täuschung handle. Die Wirklichkeit sei nichts als ein unbeweglicher vierdimensionaler Block, so die Verfechter dieser Theorie, und eine Lebenslinie lediglich ein langer Schlauch, der sich durch diesen Würfel zieht. Jeder Zeitpunkt der Vergangenheit, der Gegenwart und der Zukunft existiere gleichzeitig. Das würde bedeuten, dass es alles, was bereits geschah und künftig noch geschehen wird, auch jetzt in diesem Augenblick real irgendwo gäbe, nur dass unser Bewusstsein, welches auf der Lebenslinie entlangrollt, keinen Zugang zu diesen Teilen der Wirklichkeit hätte. Unsere Willensfreiheit wäre dahin, denn die Zukunft läge bereits fest. Man hat sogar Experimente durchgeführt, die diese Hypothese vom Blockuniversum scheinbar bestätigen. Eine Argumentation basiert auf der speziellen Relativitätstheorie. Man nehme zwei Ereignisse, die von einem bestimmten Bezugssystem wie der Erde aus betrachtet gleichzeitig geschehen. Wechselt man nun aber den Standpunkt zu einem bewegten Bezugssystem, beispielsweise einer enorm schnellen Rakete, gibt es plötzlich einen Zeitunterschied. Das ist nicht ungewöhnlich und Teil der etablierten Lehrbuchphysik. Diese Veränderung der Abfolge, so die Befürworter des Blockuniversums, sei allein dann möglich, wenn die Zukunft bereits festliege. Ihre Argumentation hört sich fast richtig an, aber eben nur fast. Denn die Relativität der Gleichzeitigkeit liefert noch keinen Beweis für die Nicht-Existenz der Zeit. In jedem im Rahmen der Theorie vorstellbaren Fall bleibt die Kausalität gewahrt. Die Zukunft ist immer die Folge der Vergangenheit, egal ob von der Erde oder einer Rakete aus betrachtet. Auf der Basis der Relativitätstheorie lässt sich kein Argument für ein Blockuniversum konstruieren. Im Folgenden gehen wir davon aus, dass nur die Gegenwart existiert und die Zeit real ist. Doch damit wissen wir immer noch nicht, um was für eine Art von Ding es sich bei ihr handelt.

Nach Einstein ist die Zeit relativ. In schnell bewegten Systemen und in der Nähe großer Massen vergeht sie langsamer. Bedeutet dies, dass es keine allgemein gültige Zeit gibt? Ist es so, dass überall die Uhren anders gehen und jede intelligente Lebensform deshalb eine andere Meinung über das Alter des Kosmos hat? Die Antwort lautet Nein, es gibt sowohl eine universelle Zeit als auch ein universelles Alter. Denn 99 Prozent der Dinge, die den Kosmos bevölkern, bewegen sich nur mit recht geringen Geschwindigkeiten und befinden sich nicht in der Nähe großer Massen. Beispielsweise kreist unser Sonnensystem mit 250 Kilometern pro Sekunde um das Zentrum der Galaxis, aber das ist im Vergleich zur Lichtgeschwindigkeit von 300.000 Kilometern pro Sekunde immer noch langsam. Insgesamt sind die Himmelskörper in den sich seit dem Urknall expandierenden Raum eingebettet. Relativ zum Raum-Zeit-Gefüge bewegen sich die Galaxien und alle Objekte darin nur mit geringen Geschwindigkeiten. Die Zeit läuft also, abgesehen von exotischen Ausnahmen, praktisch überall gleich schnell.

Entsprechend sind an fast jedem Punkt im Universum 13,7 Milliarden Jahre seit dem Urknall vergangen. Das ist praktisch äquivalent zu der Aussage, dass es eine absolute Zeit gebe. Sie kann nur stimmen, wenn sich nicht alles relativ zueinander bewegt. Der einfachste Fall wäre dann gegeben, wenn sich an jedem Raumpunkt im Universum eine Nullgeschwindigkeit definieren ließe, sodass dieser sich in Bezug auf das Gewebe der Raumzeit in Ruhe befände. Und genau das ist möglich. Es gibt zwar keinen Mittelpunkt des Universums, aber eine absolute Ruhegeschwindigkeit relativ zum gesamten Raum-Zeit-Gefüge. Das Bezugssystem für deren Messung liefert die kosmische Hintergrundstrahlung, das Nachglühen des Urknalls. Diese Mikrowellenstrahlung erfüllt gleichmäßig das gesamte Universum und durchströmt jeden Raumpunkt aus allen Richtungen. Sie weist eine charakteristische Frequenzverteilung auf, die exakt dem Planckschen Strahlungsgesetz eines „Schwarzen Körpers“ folgt. Wichtig ist dabei, dass sich der Strahlung eine Temperatur zuordnen lässt. In ihrem Fall sind es die bereits erwähnten rund 2,7 Grad Kelvin. Da die kosmische Hintergrundstrahlung überall zugegen ist, entspricht ihre Temperatur der des Universums insgesamt.

Bewegt sich ein Beobachter relativ zu einem bestimmten Signal, kommt es zum sogenannten Doppler-Effekt. Das Phänomen ist bestens aus dem Alltag bekannt, wenn beispielsweise der Ton eines vorbeirasenden Autos mit Sirene genau im Moment des Passierens plötzlich stark abfällt. Verallgemeinert gesprochen erhöht oder senkt sich die Frequenz eines Signals, je schneller sich der Beobachter respektive nähert oder entfernt. Das Gleiche gilt für die kosmische Hintergrundstrahlung. Eine Bewegung hat zur Folge, dass sie aus dieser Richtung kurzwelliger, also mit höherer Temperatur erscheint. Anhand von Messungen ihrer Wärme können wir daher feststellen, ob sich ein Objekt relativ zur Hintergrundstrahlung bewegt oder nicht. Im zweiten Fall ist die gemessene Temperatur aus allen Richtungen die gleiche. Das erstreckt sich auf große Teile des beobachtbaren Universums: Für alle Raumpunkte dieser Art ist dieselbe Zeit seit dem Urknall vergangen.

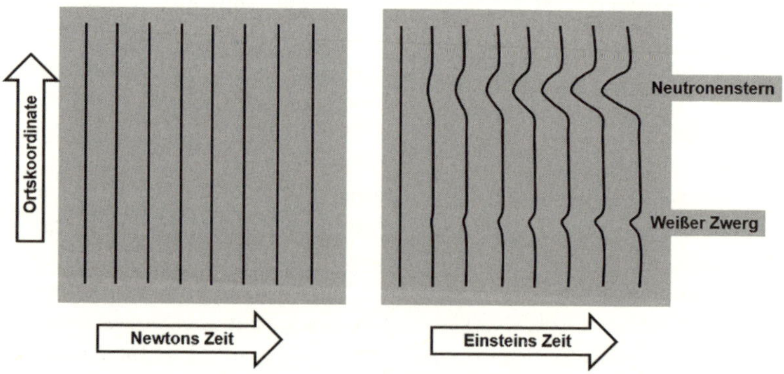


Abb. 5: Gegenüberstellung der Zeitentwicklung im Raum nach Newton und nach Einstein. In der klassischen Physik war die Zeit ein starrer Taktgeber. Sie lief mit immer gleicher Geschwindigkeit absolut synchron. Einstein zufolge ist die Zeit relativ. Sie vergeht also dort langsamer, wo es schnelle Bewegungen oder starke Gravitationsfelder gibt. Das heißt, in der Umgebung von Neutronensternen und weißen Zwergen hinkt die Zeit nach. Ansonsten gibt es aber eine universelle Zeit, die für das ganze Universum gültig ist. Daher erscheint uns auch die kosmische Hintergrundstrahlung von überall her absolut gleichförmig. Ihre Temperatur ist identisch mit der des sich abkühlenden Universums. Die damit verbundene Zunahme der Entropie ist möglicherweise die Grundlage der Zeit selbst. Dazu später mehr.

So lässt sich überall im Universum eine absolute Zeit definieren. Nur in der Nähe großer Massen läuft sie langsamer. Dort ist der Urknall noch nicht so lange her. Die Ausnahmefälle bei extremen Geschwindigkeiten oder in der Nähe starker Gravitationsfelder sind wie Taschen in die allgemeine Zeit eingebettet. Doch dabei handelt es sich immer nur um relative Effekte. Der Zeitablauf ist verlangsamt, wenn ein Bezugssystem von einem anderen ausgehend beobachtet wird. Innerhalb eines gegebenen Systems – sei es eine Rakete oder ein Neutronenstern – läuft die Zeit immer normal schnell, da ihr Ablauf überall den gleichen Naturgesetzen unterliegt. Das ist mit Relativität gemeint: Es kommt darauf an, von wo aus beobachtet wird. Und die Effekte sind durchaus real. So wären Raumfahrer, die von einer lichtschnellen Reise zurückkehren, wirklich kaum gealtert. Ähnliches gälte auch für Astronauten auf einem Neutronenstern, aber so starke Gravitationsfelder verträgt der menschliche Körper sowieso nicht – er würde in Millisekunden zerquetscht.

Nach dem Standardmodell der Kosmologie begann die Zeit mit dem Urknall. Vorher gab es buchstäblich nichts. Diese Episode dauerte eine Ewigkeit, denn jeder Zeitpunkt war mit jedem anderen identisch. Alle Momentaufnahmen eines leeren Vorläufer-Universums sahen genau gleich aus und man könnte sie, so es denn welche gäbe, in keine Reihenfolge sortieren. Diese Argumentation basiert auf einer Definition der Zeit als eine Abfolge von messbaren Veränderungen. Finden diese nicht statt, steht sie still. So betrachtet gab es im leeren Universum vor dem Urknall keine Zeit. Die Abwesenheit von Veränderungen ist die Ewigkeit.

Seit dem grellweißen Urknall durchläuft das Universum eine kontinuierliche Entwicklung und wandelt sich ständig. Jeder Zeitpunkt ist anders und jede Momentaufnahme lässt sich eindeutig datieren, indem man zum Beispiel die Größe des uns zugänglichen Raums misst. Das macht das ganze Universum zu einer gigantischen Uhr und ihr Zeiger ist der Durchmesser unserer Raumblase. Nach dem heutigen Wissensstand wird es immer weiter expandieren und dabei zunehmend dunkler und kälter, bis die Sterne schließlich erlöschen. Es ist ein langsamer Kältetod, bei dem alle Prozesse zum Stillstand kommen. Die Expansion wird allerdings weitergehen und die Zeit deshalb auch niemals stillstehen, selbst wenn sonst nichts mehr geschieht. Dieser Zustand mag aussehen wie die Ewigkeit, aber aus Sicht der Physik wäre sie erst dann erreicht, wenn keine messbaren Veränderungen mehr stattfinden.

Eine denkbare physikalische Definition der Zeit basiert also auf der Messbarkeit ihres Ablaufs: Ist es nicht möglich, verschiedene Momentaufnahmen eines Systems in eine zeitliche Ordnung zu bringen, steht sie still. Das mag zunächst einleuchten, doch hat dieser Satz noch eine zweite Komponente, die ein wenig tiefer greift. Betrachten wir zum Beispiel ein Atom, das isoliert im Raum schwebt. Die Elektronen kreisen auf ihren Bahnen um den Atomkern. Obwohl offensichtlich etwas geschieht, vergeht keine Zeit, denn es ist nicht möglich, bei zwei Momentaufnahmen – obwohl diese unterschiedlich aussehen – zu entscheiden, welche früher und welche später aufgenommen wurde. Sie lassen sich nicht in eine zeitliche Reihenfolge sortieren. Die Elektronen könnten sogar rückwärtslaufen und das Atom wäre immer noch das gleiche. Ähnlich verhält es sich mit Planetenbahnen. Auch hier wäre es uns bei Momentaufnahmen nicht möglich zu entscheiden, ob sie erst heute oder vor Hunderten von Jahren aufgenommen wurden – zumindest hinsichtlich ihrer Positionen, nicht aber der Vorgänge auf ihrer Oberfläche. Dort vergeht natürlich Zeit. Wenn wir jedoch nur die Positionen der Himmelskörper betrachten, sind die Vorgänge periodisch und wiederholen sich immerzu. Erneut könnte die Zeit rückwärtslaufen und die Planetenbahnen wären immer noch die gleichen. Es macht keinen Unterschied, was die grundlegenden Naturgesetze angeht, welche die Dynamik des Sonnensystems bestimmen. Sie sind „zeitumkehrinvariant" und laufen vorwärts wie rückwärts genauso gut. Das gilt für die meisten Naturgesetze der Physik. Es geschieht zwar etwas, aber es wiederholt sich ewig. Poetisch gesprochen könnte man sie daher als „Naturgesetze der Ewigkeit" bezeichnen. Im Gegensatz dazu sind wir Lebewesen auf solche Zusammenhänge angewiesen, die der Zeit eine Richtung geben.

Damit rücken wir der Antwort auf die Frage, was für ein Ding die Zeit genau ist, ein bisschen näher, denn wir haben nun eine negative Definition: In einer zeitlosen Ewigkeit geschieht entweder gar nichts oder etwas wiederholt sich immerzu. In beiden Fällen ließe sich auch nicht unterscheiden, ob sie vorwärts oder rückwärts läuft. Was aber ist Zeit in dem Sinn, wie wir sie kennen?

Ein Antwortversuch der Physik lautet wie folgt: Die Zeit „in unserem Sinn" tritt nur in Systemen auf, die aus vielen Teilchen bestehen, da dort Phänomene vorkommen, die nicht zeitumkehrinvariant sind, also ausschließlich vorwärts in der Zeit ablaufen. Ein Beispiel wären die Gas-Atome in einem Druckbehälter. Wird dessen Ventil in einer Vakuumkammer unter kontrollierten Bedingungen geöffnet, strömt das Gas aus und verteilt sich im Raum. Es wird niemals wieder von selbst in seine Gasflasche zurückströmen. Das hat nichts mit seiner Energie oder irgendwelchen verborgenen physikalischen Eigenschaften zu tun, sondern ist rein eine Frage der Wahrscheinlichkeit. Nehmen wir zunächst an, wir hätten nur ein einzelnes Gas-Atom, das auf einem zufälligen Kurs zwischen der Kammer und dem Behälter, dessen Ventil wir permanent geöffnet halten, herumfliegt. Nehmen wir außerdem an, das Volumen der Flasche ist hundertmal kleiner als das der Kammer. Dann beträgt die Wahrscheinlichkeit, das Atom in der Gasflasche anzutreffen, 1 zu 100 dagegen. In 99 von 100 Messungen wird das Atom im Volumen der deutlich größeren Kammer sein. Bei zwei Atomen liegt die Wahrscheinlichkeit, dass beide wieder im Behälter sind, sogar bei 1 zu 10.000 und bei zehn Atomen schließlich bei 1 zu 100.000.000.000.000.000.000 – wie ein Pasch mit zehn hundertseitigen Würfeln. Die Wahrscheinlichkeiten, oder besser gesagt die Unwahrscheinlichkeiten, multiplizieren sich.

Aber was hat eine Gasflasche mit der Zeit zu tun? Die Frage ist berechtigt, doch der Zusammenhang wird bald klar. Im Universum entwickelt sich nämlich alles hin zu wahrscheinlicheren Zuständen. Es ist unwahrscheinlich, dass sich die unzähligen Atome in einem kleinen Behälter von selbst wieder dort versammeln, wenn sie sich zufällig bewegen. Mit einem Kompressor, also unter Energieaufwand, könnte man sie gegen die Wahrscheinlichkeit wieder zurück in die Gasflasche pumpen. Von allein geht es aber nur in eine Richtung: Das Gas verteilt sich über das gesamte zur Verfügung stehende Volumen. Dieser Prozess lässt sich ohne Energieaufwand nicht mehr umkehren und hier ist die Zeitrichtung eindeutig.

Das war soeben ein Lehrbuchbeispiel zur Erklärung des Begriffs der „Entropie". Häufig wird gesagt, bei ihr handle es sich um ein Maß für die Unordnung im Universum. Laut dem zugehörigen Naturgesetz könne letztere bestenfalls konstant bleiben, nehme aber meistens zu. Alles entwickle sich hin zu einer größeren Unordnung. Diese anschauliche Erklärung ist wie alle anschaulichen Erklärungen leicht missverständlich. Eigentlich geht es nämlich nicht um die „Unordnung", sondern um wahrscheinlichere Zustände. Wir haben das bereits gesehen: Es ist sehr viel wahrscheinlicher, dass sich die Gas-Atome gleichmäßig über ein Volumen verteilen, als dass sie sich spontan in einem kleinen Behälter versammeln. Das gilt unter der Annahme, dass sie sich unabhängig voneinander und rein zufällig bewegen. Entropie ist also so etwas wie eine Wahrscheinlichkeit. Sie wirkt, indem sich Systeme zu wahrscheinlicheren Zuständen hin entwickeln oder gar nicht, dann bleibt sie konstant. Daraus folgt im Umkehrschluss auch, dass Systeme aus vielen Teilchen, wie beispielsweise unser Gas, von selbst, also ohne Energiezufuhr, keine unwahrscheinlichen Zustände annehmen. Das wäre so, als erwarte man, einen Pasch mit Milliarden von Würfeln zu werfen.

Dem bereits angesprochenen Naturgesetz zufolge bleibt die Entropie in unserem Universum entweder konstant oder nimmt zu. Übersetzt heißt das, dass sich ein isoliertes System zu immer wahrscheinlicheren, also ungeordneteren Zuständen hin entwickelt. Ein Pasch, ist ein geordneter Zustand und daher unwahrscheinlich. In diesem Sinne gibt die Entropie tatsächlich ein Maß für Unordnung wieder. Bei diesem Naturgesetz handelt es sich um eines der wenigen seiner Art, in der die Zeit eine Richtung erhält. Wären die zugrundeliegenden Prozesse dagegen zeitumkehrinvariant, stünde sie still, wie oben beschrieben. Eine mögliche Antwort auf unsere Ausgangsfrage nach der Natur der Zeit ist also die Entwicklung eines Systems aus vielen Teilchen hin zu einem wahrscheinlicheren, meist ungeordneteren Zustand. Das gilt für das ganze Universum, mit Ausnahme einiger lokaler Abweichungen. Dazu gehört beispielsweise Leben, das ein geradezu fantastisches Maß an Ordnung erfordert.

Biologische Systeme sind hochkomplex und ihre Entstehung ist aus Sicht der Physik extrem unwahrscheinlich. Damit ein Protein in einer Zelle funktionieren kann, muss praktisch jedes Atom am richtigen Ort sitzen. Tut es das nicht, stirbt das Lebewesen oder entsteht erst gar nicht. Die Ordnung, die es erfordert, um auch nur ein einzelnes Exemplar zu erhalten, geschweige denn eine evolutionäre Organisation in Ökosysteme voranzutreiben, ist atemberaubend. Doch wie kann das Leben dann spontan vor drei oder vier Milliarden Jahren auf der Erde entstanden sein? Die Antwort liegt in der Kopplung von Energie und Entropie. Oben wurde bereits erwähnt, dass es mithilfe eines Kompressors möglich ist, das Gas wieder in den Druckbehälter zu pumpen.

Allgemeiner gesprochen lässt sich die Entropie in lokalen Systemen unter Einsatz von Energie absenken. Auf der Erde erfüllen die Sonnenstrahlen diese Funktion: Seit Jahrmilliarden fließt durch sie konstant Energie auf unseren Planeten ein. Ein winziger Teil davon ermöglichte eine lokale Umkehrung des Naturgesetzes von der ständigen Erhöhung der Entropie. Und so entstand Leben. Dieses verstößt nicht gegen das Gesetz, weil die Stoffwechselprozesse, die jedes biologische System vollzieht, wieder einen entsprechenden Energieverbrauch bedeuten. Trotzdem bleibt bis heute unklar, wie das Leben begann. Obwohl es die bekannten Naturgesetze nicht verletzt, ist seine Entstehung nach wie vor hochgradig unwahrscheinlich. Wir kommen in Kapitel 5 darauf zurück.

Zeit kann also als Anstieg der Entropie angesehen werden. Auch in unserem Körper verbrauchen wir ständig Energie, um diesem Prozess entgegenzuwirken. Eine steigende Entropie bedeutet den Tod. Man kennt noch ein zweites Naturgesetz, das der Zeit eine Richtung gibt. Es ist möglicherweise sogar fundamentaler, doch leider nicht gerade einfach zu verstehen: Der Kollaps der Wellenfunktion in der Quantenmechanik. Hier befinden wir uns aber bereits an der Grenze unseres Wissens. Daher wird dieses verrückte Phänomen der Nanowelt ebenfalls erst an späterer Stelle diskutiert.

### Zusammenfassung: Raumzeit

**Um ein eigenes Universum zu bauen, brauchen wir zunächst eine leere Bühne, die Raumzeit. Sie ist offenbar ein „Etwas“, denn sie hat Masse, Energie, Druck, Temperatur und Strömungen. Ihre Eigenschaften sind merkwürdig elastisch: Sie wird durch hohe Geschwindigkeiten oder große Massen verzerrt, wobei sich die Zeit verlangsamt und Distanzen verkürzen. Ihre vierte Dimension bleibt rätselhaft. Nur wenige Naturgesetze geben der Zeit eine Richtung und das auf den ersten Blick wichtigste von ihnen ist die ständige Zunahme der Entropie: Das Universum entwickelt sich hin zu immer wahrscheinlicheren Zuständen. Lebewesen können die zu ihrem Fortbestand notwendige Ordnung nur durch konstanten Energiezufluss bewahren. Der wahrscheinlichste Zustand ist der Tod, das Ende aller Prozesse. Es sieht fast so aus, als sei Leben im Weltbild der Physik nicht vorgesehen. Oder doch? Behalten wir die Frage im Hinterkopf. Jetzt müssen wir die Bühne erst mal mit Akteuren bevölkern.**

## 2.2. Die Elementarteilchen

**Schon immer** haben sich die Menschen gefragt, aus was die Welt gemacht ist. In früheren Kulturen war die Materie von Geistern und Göttern beseelt. Jedem Baum und jedem Stein wohnte ein Gott inne, der Einfluss auf das Schicksal der Menschen nahm. Ein wichtiger Unterschied zwischen der modernen Naturwissenschaft und der Vorstellungswelt älterer Zivilisationen war die Subjektivität der Wahrnehmung. Jeder Mensch sah in den Gegenständen seiner Umgebung etwas Anderes, je nachdem woran er glaubte. Es erforderte einen erheblichen Entwicklungsschritt, die Welt der Materie als eine vom Beobachter unabhängige Wirklichkeit zu erkennen. In einem Objekt wie einem Stein, einem Baum oder einem Tisch sieht in der modernen Welt jeder Mensch das Gleiche: eben einen Stein, einen Baum oder einen Tisch. Diese Objektivität der Außenwelt bildet die Grundlage der Naturwissenschaften. Auch heute noch gibt es philosophische Ansätze, die erkenntnistheoretisch argumentieren, dass es keine objektive Außenwelt gäbe, sondern es sich bei dieser nur um eine Vision unseres Geistes handelte. Aber Naturwissenschaft kann nur funktionieren, wenn die Tatsache, dass wir Lebewesen in einer Umgebung sind, die unabhängig von uns und unserem Innenleben existiert, allgemein anerkannt wird. Selbst wenn wir am Ende des Buches genau diese Grundlage wieder in Zweifel ziehen, müssen wir zunächst von einer solchen Prämisse ausgehen, um überhaupt sinnvolle Erkenntnisse sammeln zu können.

Zurück also zu der Frage, woraus die Materie besteht. Einige der ältesten überlieferten Lösungsversuche lassen sich im antiken Griechenland verorten. Schon damals bemühte man sich um Vereinfachung und versuchte, ähnlich wie heute, die Vielfalt der Gegenstände in der Außenwelt auf einige wenige oder besser noch eine einzige Ursubstanz zu reduzieren. Auch über 2600 Jahre später ist dieser Prozess noch nicht abgeschlossen. Wir werden sehen, dass alle Materie nach den Erkenntnissen der aktuellen Physik aus nur drei Elementarteilchen besteht, die ihrerseits Erscheinungsformen der Energie sind.

Die ersten Ansätze waren noch etwas weniger abstrakt: Um 600 vor Christus stellte Thales von Milet die Theorie auf, dass alles – selbst Festkörper wie Steine, Gase wie die Luft und auch das Universum außerhalb der menschlichen Sphäre – aus Wasser bestehe. Ein wenig später befand Anaximenes dagegen, dass es sich bei der Ursubstanz um Luft handeln müsse. Darauf kam Heraklit von Ephesos der Wahrheit zumindest im übertragenen Sinne ein wenig näher, als er behauptete, alles leite sich vom Feuer her. Unter der Prämisse, dass Feuer eine Form von Energie ist, stimmt diese Theorie bereits überraschend gut mit der heutigen Vorstellung überein. Allerdings dürfte das wohl eher ein Zufall sein, denn Heraklit hatte vermutlich keine Ahnung von dieser Äquivalenz.

Einen weiteren Schritt vorwärts machte Empedokles um 450 vor Christus. Seiner Auffassung nach sind die vier Elemente Feuer, Erde, Wasser und Luft ewig existierende und unveränderliche Grundsubstanzen. Diese Vorstellung hielt sich fast 2000 Jahre lang über die gesamte Antike, das Mittelalter und teilweise noch bis hinein in die frühe Neuzeit. Platon ordnete den vier Elementen die „Platonischen Körper" Tetraeder, Würfel, Ikosaeder und Oktaeder zu. Bereits damals war man um Symmetrien bemüht, die den vielfältigen Erscheinungsformen der Natur zugrunde liegen könnten. In der modernen Quantenmechanik, dem Standardmodell der Elementarteilchenphysik und dem Standardmodell der Astrophysik wird genau das Gleiche versucht: Muster und Symmetrien in der Welt zu entdecken. Damit ist man sogar ziemlich erfolgreich. Auch wenn die Zuordnung der vier Platonischen Körper zu den vier Urelementen heute reichlich seltsam anmuten mag, so tun unsere zeitgenössischen theoretischen Physikerinnen und Physiker eigentlich nichts anderes, nur auf höherem Niveau und mit deutlich mehr Wissen über die Natur. Unsere Welt scheint tatsächlich in ihren Grundfesten auf Symmetrien zu beruhen. Dabei ist es nicht allein unsere Vorstellungskraft oder unsere Art des Denkens, die uns das glauben lässt. Denn die Naturwissenschaft kann auf der Basis dieser Symmetrien Vorhersagen machen und sie daraufhin in Experimenten bestätigen. Mit den Platonischen Körpern und den vier Urelementen hat das allerdings nichts mehr zu tun. Diese antiken Vorstellungen sind schlichtweg falsch.

Wiederum etwas später, aber immer noch lange vor Christi Geburt, fragten sich Leukipp und Demokrit, ob Substanzen wie das Wasser aus einem Kontinuum bestehen. Dass man also, wenn man immer tiefer in ihre Struktur eindringen, keine irgendwie gearteten Bausteine, sondern nur mehr des gleichen Stoffes finden würde. Diese Ansicht liegt nahe, da man die Tatsache, dass Wasser aus $H_2O$-Molekülen besteht, erst erkennen kann, wenn man über ein Mikroskop mit einer Auflösung von einem Millionstel eines Tausendstel Millimeters verfügt. Trotzdem meinten diese beiden frühen Philosophen, dass es kleinste, nicht mehr teilbare Bausteine der Materie geben müsse. Das war die Geburtsstunde der Idee von Atomen und Molekülen. Aber es sollte noch über 2000 Jahre dauern, bis diese Vermutung durch Experimente bestätigt werden konnte, weil man zu diesem Zeitpunkt überhaupt erst auf den Gedanken kam, die Natur in Experimenten zu befragen und Erkenntnisse nicht nur durch bloßes Nachdenken zu erlangen. Ohne wissenschaftliche Versuche hätten wir keine Chance neue Bereiche der Wirklichkeit zu entdecken.

Wir machen nun einen großen Sprung über fast das ganze Mittelalter hinweg und landen bei der Entdeckung der chemischen Elemente. Diese zeichnen sich dadurch aus, dass ihre Struktur aus einer Ansammlung gleicher Atome besteht. Deshalb sind sie von den sogenannten Verbindungen zu unterscheiden, bei denen unterschiedliche Bestandteile zusammenkommen. Wasser ist beispielsweise eine Verbindung aus Wasserstoff und Sauerstoff. Die chemischen Elemente Blei, Eisen, Gold, Kohlenstoff, Kupfer, Quecksilber, Schwefel, Silber, Zink und Zinn waren bereits in der Antike als Substanzen bekannt. Doch die Menschen wussten damals natürlich noch nicht zwischen den 81 heute bekannten, stabilen chemischen Elementen und den unzähligen Verbindungen, die sie eingehen können, zu unterscheiden. Schwefel- und Quarzkristalle haben zwar ihre äußere Form gemein, sind aber tatsächlich völlig unterschiedliche Stoffe. Während in ersteren nur die Sorte Atom des gleichen Namens vorkommt, bestehen letztere aus zwei chemischen Elementen, nämlich Silizium und Sauerstoff.

Im mittelalterlichen Bergbau fand man neue Metalle, die andere Eigenschaften aufwiesen als die bereits bekannten. Einige davon, wie Kobalt, Nickel und Wolfram, wurden nach Berggeistern benannt. Das zeugt davon, dass die Objektivierung der Welt bis in die Neuzeit hinein noch nicht vollends abgeschlossen war. Zwischen 1650 und 1870 entdeckte man zahlreiche weitere chemische Elemente, ohne dass die Menschen ihrem tieferen Wesen auf die Spur kamen. Ab diesem Zeitpunkt waren die meisten von ihnen aber zumindest entdeckt und mit einem Namen versehen.

Die damaligen Forscher rätselten lange, wie sie die Vielfalt der Stoffe sortieren sollten. Im Jahr 1808 gab es dann einen großen Durchbruch: Louis Proust und John Dalton entdeckten unabhängig voneinander, dass sich chemische Elemente nur in bestimmten ganzzahligen Verhältnissen miteinander zu Molekülen kombinieren. Sie hatten damit die Substanzen der Natur in Grundstoffe und ihre Verbindungen aufgeteilt. Die Welt wurde überschaubarer. Das Gesetz der multiplen Proportionen basiert auf der Annahme, dass es kleinste Einheiten der Stoffe gibt, die Atome. Eine chemische Verbindung besteht aus Molekülen, in denen sich die Atome der Grundstoffe in festen Größenordnungen zusammenfügen. Beispielsweise ergeben zwei Atome Wasserstoff H und ein Atom Sauerstoff O ein Wassermolekül $H_2O$. Das bedeutet umgekehrt, dass bei der Zerlegung von Wasser in seine Bestandteile doppelt so viel Wasserstoff wie Sauerstoff entsteht, was sich leicht in einem Schulexperiment mittels Elektrolyse zeigen lässt. Ohne also auch nur die Spur einer Chance, ihre postulierten kleinsten Einheiten direkt nachweisen zu können, entwickelten Proust und Dalton diese bahnbrechende Theorie. Man war sich nun sicher: Stoffe bestehen aus unterschiedlichen Anordnungen der 81 verschiedenen Arten von Atomen. Dazu zählte man außerdem noch die wenigen radioaktiven Elemente Radium, Radon, Thorium und Uran, die in der Natur in nennenswerten Mengen vorkommen.

Im nächsten Schritt wurden die Elemente sortiert. Ohne zu wissen, woraus Atome bestehen, ordneten Dmitri Mendelejew und Lothar Meyer sie im Jahr 1869 in einer Systematik an. Ausschlaggebend waren ihr jeweiliges Gewicht und Ähnlichkeiten hinsichtlich ihrer chemischen Eigenschaften. Alkaliatome sind beispielsweise hochreaktiv, während Edelgase praktisch keine Verbindungen eingehen. Die beiden Forscher legten senkrechte Spalten an, in denen der leichteste Vertreter der gleichen Art an oberster Stelle stand. So ersannen sie mit bestenfalls fragmentarischem Wissen über die Struktur der Atome das Periodensystem der Elemente, wie es im Prinzip noch heute in der Physik und Chemie Anwendung findet.

Hier könnte das Kapitel über die Darsteller auf unserer Bühne der Raumzeit enden, denn die chemischen Elemente sind die Bausteine, aus denen Planeten, Sonnen und ganze Galaxien bestehen. Aber erstens existieren noch weitere Akteure auf unserer Bühne, und zweitens ist dieser Befund unbefriedigend. Und dann wären da die unbeantworteten Fragen: Warum gibt es genau 81 stabile Elemente und nicht mehr oder weniger? Weshalb haben sie so unterschiedliche und dann doch wieder ähnliche Eigenschaften? Könnte es sein, dass die Atome ihrerseits aus noch fundamentaleren Bausteinen zusammengesetzt sind?

| | | | | | | | |
|---|---|---|---|---|---|---|---|
| 1 Wasserstoff | | | | | | | 2 Helium |
| 3 Lithium | 4 Beryllium | 5 Bor | 6 Kohlenstoff | 7 Stickstoff | 8 Sauerstoff | 9 Fluor | 10 Neon |
| 11 Natrium | 12 Magnesium | 13 Aluminium | 14 Silizium | 15 Phosphor | 16 Schwefel | 17 Chlor | 18 Argon |
| 19 Kalium | 20 Calcium | 31 Gallium | 32 Germanium | 33 Arsen | 34 Selen | 35 Brom | 36 Krypton |
| 37 Rubidium | 38 Strontium | 49 Indium | 50 Zinn | 51 Antimon | 52 Tellur | 53 Jod | 54 Xenon |
| 55 Caesium | 56 Barium | 81 Thallium | 82 Blei | 83 Wismut | 84 Polonium | 85 Astat | 86 Radon |

Abb. 6: Vereinfachtes Periodensystem der Elemente. Die Atome mit der Ordnungszahl 43 (nicht abgebildet), 84, 85 und 86 sind radioaktiv. Aus den restlichen Elementen und den chemischen Verbindungen, die sie eingehen, ist praktisch alles in unserer Umwelt einschließlich uns selbst aufgebaut.

In dem Bemühen, die Natur mit möglichst einfachen Naturgesetzen zu erklären, war das Periodensystem der Elemente eigentlich ein Rückschritt. 2000 Jahre lang glaubten die Menschen, dass alles aus nur vier Grundsubstanzen bestünde und nun wurden daraus Dutzende. Die Forschenden waren mit dieser großen Zahl an Bausteinen nicht zufrieden und fragten sich, warum es so viele sind und woher ihre unterschiedlichen Eigenschaften rühren. Woraus besteht ein Atom? Es gibt die Ordnungszahl im Periodensystem, die jedem Element eine natürliche Zahl zuordnet. Je größer die Zahl, desto schwerer das Atom. Aber was bedeutet sie?

Wir befinden uns jetzt zu Beginn des 20. Jahrhunderts. Ernest Rutherford führte zu dieser Zeit ein Experiment durch, das ein Meilenstein der Naturwissenschaft werden sollte. Er beschoss eine Goldfolie mit Alphapartikeln aus dem radioaktiven Zerfall von Radium. Die Frage war, ob die leicht nachweisbaren Partikel die Folie penetrieren können. Erstaunlicherweise flogen die weitaus meisten geradeaus hindurch. Sollte das heißen, dass die Goldatome im Wesentlichen aus leerem Raum bestanden? Denn nur so konnte man sich erklären, dass die Alphapartikel die Folie nahezu ungestört passierten. Einige wenige wurden aus ihrer Bahn geworfen. Sie mussten also mit etwas Massereichem zusammengestoßen sein. Weil die Zahl der abgelenkten Partikel so gering war, lag der Schluss nahe, dass die Hindernisse zwar schwer, aber auch sehr klein sind. Wie wir heute wissen, ist fast die ganze Masse eines Atoms in seinem winzigen Kern konzentriert. Deshalb war das Rutherford-Experiment rückblickend betrachtet so wichtig: Es lieferte den Anstoß zur Entwicklung der modernen Vorstellung vom Aufbau der Atome.

Nach heutiger Vorstellung bestehen diese aus einem sehr kleinen Kern, der seinerseits aus Protonen und Neutronen aufgebaut ist. Letztere sind in etwa gleich schwer und machen die Hauptmasse der Struktur aus. Die Protonen sind einfach positiv, die Neutronen dagegen – wie ihr Name suggeriert – ungeladen. Um die Kerne herum bewegen sich die einfach negativ geladenen Elektronen auf sogenannten Orbitalen, die man sich zunächst wie Planetenbahnen vorstellen kann. „Einfach" bedeutet in diesem Zusammenhang, dass die Teilchen jeweils eine Einheit der Elementarladung tragen. Bei dieser handelt es sich um eine Naturkonstante – elektrische Ladung kommt nur in Vielfachen dieses kleinsten möglichen Maßes vor. Atome sind normalerweise neutral. Das heißt, wenn ein Kern aus vielen einfach positiv geladenen Protonen besteht, müssen genau so viele einfach negativ geladene Elektronen um ihn herum kreisen. Die Ordnungszahl im Periodensystem gibt die Zahl der Protonen und damit auch der Elektronen in einem neutralen Atom wieder. Sie legen die chemischen Eigenschaften des Elements fest.

Die Zahl der Protonen plus die Zahl der Neutronen bestimmen zusammen das Atomgewicht. Auch diese beiden Arten von Teilchen halten sich für gewöhnlich hinsichtlich ihrer Menge die Waage. Das gilt zum Beispiel für Sauerstoff mit der Ordnungszahl 8. Es gibt also 8 Protonen und 8 Neutronen in einem Kern dieses Elements, das Atomgewicht beträgt entsprechend 16. Bei manchen Elementen kann die Zahl der Neutronen allerdings leicht variieren. Man spricht dann von verschieden schweren „Isotopen“, die später im Buch noch eine Rolle spielen werden. Einzig wichtig an dieser Stelle sollte jedoch sein, dass alle Atome aus Protonen, Neutronen und Elektronen bestehen. Für Ihre Struktur ist die Zahl der Protonen entscheidend, welche ihrerseits die Zahl der Neutronen, der Elektronen und damit auch das Gewicht und die chemischen Eigenschaften – also eigentlich alles, was ein Atom ausmacht – bestimmt. Die Antwort auf die Frage, woraus alles besteht, vereinfacht sich mit dieser Vorstellung drastisch.

Damit sind wir aber noch nicht am Ende. Und selbst die Erkenntnis, zu der wir auf den nächsten Seiten kommen, ist allenfalls die vorerst letzte. Denn woher wollen wir wissen, dass sich unsere jetzige Vorstellung nicht mehr erweitern wird? Wir haben in der Vergangenheit stetig dazugelernt und es ist unwahrscheinlich, dass dieser Prozess jetzt plötzlich ein Ende findet. Doch in diesem Kapitel bleiben wir noch bei dem, was unser derzeitiger Wissensstand hergibt.

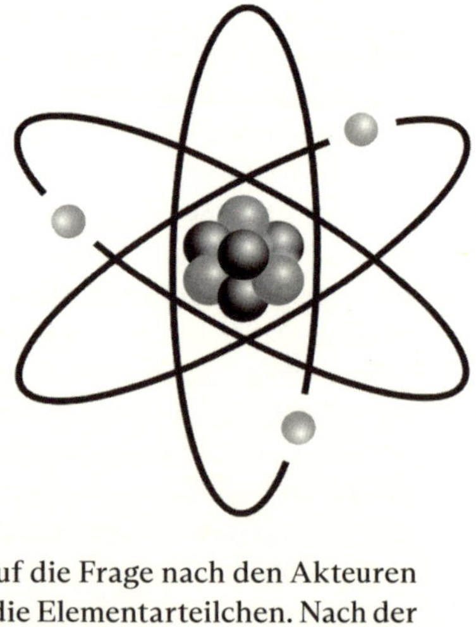

Abb. 7: Nach einer stark vereinfachten Vorstellung sind Atome kleine Sonnensysteme mit dem Atomkern in der Mitte und den Elektronen, die ihn umkreisen. Der Kern besteht seinerseits aus Protonen und Neutronen. Damit ein Atom neutral ist, muss es genauso viele positiv geladene Protonen wie negativ geladene Elektronen enthalten. Für leichte Elemente gilt zusätzlich, dass die Zahl der Neutronen ungefähr der Zahl der Protonen entspricht. Die beiden Teilchenarten im Kern sind viel schwerer als die Elektronen um ihn herum, weshalb ihre Summe maßgeblich das Gewicht des Atoms bestimmt.

Die vorerst endgültige Antwort auf die Frage nach den Akteuren auf der Bühne der Raumzeit sind die Elementarteilchen. Nach der gängigen Lehrmeinung handelt es sich bei ihnen nicht, wie man zunächst vermuten könnte, um kleine „Bälle“ mit einer messbaren Größe, weil man sich dann erneut die Frage stellen würde, aus welcher Substanz sie bestünden. Stattdessen sagt man heute, dass Elementarteilchen punktförmig sind, also keinen messbaren Durchmesser haben.

Einen Vertreter ihrer Art haben wir sogar schon kennengelernt, denn das Elektron erfüllt diese Bedingung. Alle Versuche, die Größe des Teilchens zu messen, haben null ergeben – oder jedenfalls eine obere Grenze für den Durchmesser, weil solche Experimente niemals perfekt genau sein können. So hat man beispielsweise zwei Elektronen mit hoher Energie aufeinander geschossen. Da beide negativ geladen sind, stoßen sie sich ab. Deshalb berühren sich die beiden Teilchen nicht, sondern kommen sich nur nahe und fliegen dann wieder auseinander. Der klassischen Vorstellung zufolge sollten sie mit steigender Energie die abstoßende Kraft irgendwann überwinden, miteinander kollidieren und ein messbares Resultat generieren. Man hat diese Experimente unter dem höchstmöglichen Energieaufwand durchgeführt. Die beiden Elektronen kamen sich immer näher und näher, aber berührten sich nie. Der minimale Abstand zwischen den beiden Teilchen lässt sich in den Stoßexperimenten berechnen, und ihr Durchmesser liegt offenkundig darunter. Die Schlussfolgerung: Ihr Durchmesser muss unmessbar klein sein. Heute nimmt man an, dass er null beträgt. Elektronen sind negative Punktladungen – jedenfalls nach unserem derzeitigen Wissensstand.

Protonen und Neutronen haben dagegen sowohl einen messbaren Durchmesser als auch ein Innenleben, denn sie bestehen aus drei umeinander rotierenden Objekten, den Quarks. Ähnlich wie Rutherford haben Forschende Protonen und Neutronen mit Teilchen beschossen, um dadurch Informationen über ihre tiefere Struktur zu gewinnen. Allerdings wurden die Quarks zunächst nicht in solchen Streuexperimenten entdeckt, sondern rein in der Theorie entwickelt, um die enorme Zahl an Teilchen, welche die Elementarteilchenphysik im Laufe der Zeit gefunden hat, zu erklären. Nachdem man Protonen, Neutronen und Elektronen auf die Spur gekommen war, haben die Forschenden systematisch nach anderen Teilchen gesucht und immer mehr gefunden. Es gibt buchstäblich Hunderte von ihnen – man spricht von einem regelrechten Teilchenzoo. Möglicherweise ist ihre Anzahl sogar unbegrenzt. All diese Neuentdeckungen zerfallen allerdings sehr schnell in immer leichtere Varianten, bis sie im letzten Schritt als eines der wenigen stabilen Teilchen verbleiben. Wie im Periodensystem der Elemente wurden die vielen Arten katalogisiert und man versuchte eine Systematik zu entdecken. So konnte der ganze Zoo an sogenannten Baryonen – so heißen die Teilchen, die aus Quarks bestehen – auf sechs verschiedene Elementarteilchen zurückgeführt werden. Nur zwei dieser sechs Quarks sind stabil und aus ihnen bestehen die Protonen und Neutronen. Die vorerst finale Antwort auf die Frage, woraus alle Materie inklusive uns Lebewesen besteht, lautet also: Up-Quarks, Down-Quarks und Elektronen.

Zu jedem Quark gibt es zusätzlich zwei schwere, aber instabile Varianten. Das gleiche gilt für das Elektron, doch die Muonen und Tauonen, wie man diese Untergattungen nennt, spielen in unserem Alltag keine Rolle, da sie lediglich in Kernreaktionen erzeugt werden können und nur kurze Zeit leben. Die Quarks sind nach allgemein akzeptierter Ansicht die Bausteine aller schweren Teilchen, den Baryonen, zu denen auch die beiden Bestandteile des Atomkerns, die Protonen und Neutronen, gehören. Aber hier verlassen wir endgültig den Bereich des gesunden Menschenverstands, denn Quarks gibt es eigentlich gar nicht. Jedenfalls nicht wirklich. Der Theorie zufolge tragen sie eine negative 1/3 Ladung im Falle der Down-Quarks und eine positive 2/3 Ladung im Falle der Up-Quarks. In keinem jemals durchgeführten Experiment wurde ein solcher Bruchteil nachgewiesen. Elektrische Ladung kommt in der Natur nur in Vielfachen der Elementarladung von +*1e* oder -*1e* vor, wobei e für eine Naturkonstante der Größe 1,609 $\times 10^{-19}$ Coulomb steht. Ähnliches gilt für die neue Quantenzahl der „Farbladung“. Auch für ihre Existenz gibt es keinen direkten experimentellen Beweis. Sie musste als „Flicken“ der Quarktheorie eingeführt werden, um ein übergeordnetes Naturgesetz, das Pauli-Prinzip, einzuhalten. „Richtige“ Teilchen – und dazu zählen Quarks – beanspruchen Platz. Übertragen in den Formalismus der Quantentheorie bedeutet dies, dass sich zwei dieser Teilchen in mindestens einer Quantenzahl unterscheiden müssen. Die Quarks tun dies in manchen Fällen nicht, obwohl sie richtige Teilchen sind. Daher musste eine zusätzliche Quantenzahl, die Farbladung, eingeführt werden, um eine Unterscheidung zu gewährleisten. Auf diese Weise erfüllen die Quarks das Pauli-Prinzip. Die Alternative, dieses zu verletzen, wird als inakzeptabel angesehen, da es als fundamental gilt. Wir kommen später nochmals darauf zurück.

Für die Existenz der Quarks selbst gibt es ebenfalls keine direkte experimentelle Evidenz, denn sie wurden nie einzeln beobachtet. Die theoretische Physik hat eine Erklärung dafür gefunden, die „Confinement“, frei übersetzt „Gefangenschaft“, heißt. Dieser Theorie zufolge kostet es aufgrund ihrer starken Bindung aneinander so viel Energie, ein Quark aus einem Verband wie etwa dem Proton herauszulösen, dass dabei neue Quarks durch Paarerzeugung entstehen. Bei einem solchen Versuch wird die Raumzeit in dem winzigen Bereich zwischen den Quarks dermaßen stark mit Energie aufgeladen, dass die spontane Erzeugung von Teilchen-Antiteilchen-Paaren massiv einsetzt. Diese neuen Quarks verbinden sich sofort sowohl mit einander als auch mit den bereits vorhandenen und es entstehen beispielsweise Mesonen. Der Nettoeffekt ist, dass jeder Versuch, ein einzelnes Quark zu isolieren, in der Erzeugung unzähliger exotischerer Teilchen endet.

Obwohl es keinen direkten experimentellen Beweis der realen Existenz von Quarks gibt und wir sie bis dahin als einen „Flicken“ zur Rettung des Standardmodells der Teilchenphysik interpretieren müssen, deuten einige Forschungsergebnisse doch stark auf sie hin. Zumindest scheinen die Baryonen tatsächlich aus solchen Untereinheiten zu bestehen, auch wenn diese kein unabhängiges Dasein haben können. Vielleicht sind sie noch nicht einmal wirklich Teilchen, sondern etwas anderes, uns Unbekanntes. Eines der überzeugendsten Indizien für die reale Existenz der Quarks, was immer sie auch sein mögen, liefern die vier Delta-Baryonen mit den Symbolen $\Delta^{++}$, $\Delta^{+}$, $\Delta^{0}$ und $\Delta^{-}$, die ähnlich wie Protonen und Neutronen aus drei Up- oder Down-Quarks bestehen. Ihre Eigenschaften sind nahezu identisch, doch ihre elektrische Ladung unterscheidet sich: +2, +1, 0 und -1, respektive. Das sind genau die Ladungen, die für die vier möglichen Dreier-Kombinationen der beiden Quarks denkbar sind: uuu, uud, udd, ddd. Das Up-Quark hat eine Ladung von +2/3 und das Down-Quark eine Ladung von -1/3. Entsprechend müsste ein uuu-Teilchen die Gesamtladung +2, ein ddd-Teilchen dagegen -1 haben. Genau diese Vorhersage wird durch die experimentellen Beobachtungen bestätigt.

Nehmen wir also einmal an, es gäbe Quarks „wirklich“, aber sie entzögen sich aufgrund des Confinements der Möglichkeit eines Nachweises. Nun existiert neben ihnen eine noch rätselhaftere Sorte „richtiger“ Teilchen: die Neutrinos, auch Geisterteilchen genannt. Sie sind hinsichtlich ihrer Ladung neutral, haben fast keine Masse und bestehen eigentlich nur aus Drehimpuls. Ein berühmter Physiker hat einmal versucht, seinen Studierenden die Neutrinos näher zu bringen. Sie sollten sich eine rotierende Tasse vorstellen – und sich dann die Tasse wegdenken. Übrig bleibt nur die Drehung. Das sei ein Neutrino. Es handelt sich bei ihnen also um fast substanzlose Rotationen in der Raumzeit, die unter anderem bei Fusionsprozessen im Innern von Sternen entstehen. Wir sind hier auf der Erde einem konstanten Strom von siebzig Milliarden Neutrinos pro Sekunde und pro Quadratzentimeter von der Sonne ausgesetzt. Aber da die Teilchen fast gar nicht mit normaler Materie wechselwirken, durchfliegen sie uns Menschen und überhaupt den Planeten völlig ungebremst. Wir wissen, dass dieser ungeheure Fluss da ist, doch spielt er effektiv keine Rolle. Im Gegensatz zu den Quarks können Neutrinos direkt nachgewiesen werden. Ein beeindruckendes Beispiel ist die Explosion der Supernova SN 1987A.

Bei einer solchen kollabiert das Innere eines Sterns am Ende seiner Lebenszeit und zurück bleibt ein Schwarzes Loch oder ein Neutronenstern. Dabei entsteht ein Neutrino-Puls, der sich mit beinahe Lichtgeschwindigkeit in alle Richtungen ausbreitet. Die Supernova produziert einen superhellen Lichtblitz und für eine Weile erstrahlt sie so hell wie eine ganze Galaxie. SN 1987A explodierte in rund 150 000 Lichtjahren Entfernung. Trotz der enormen Distanz konnte der Neutrino-Puls in mehreren Detektoren auf der Erde fast zeitgleich mit dem Lichtblitz festgestellt werden. Dieser Nachweis bestätigte zum einen die Theorien zu der Entstehung einer Supernova und zum anderen unsere Vorstellung von der Natur dieser geisterhaften Teilchen.

Die Beantwortung der Frage, woraus alle Materie aufgebaut ist, hat also eine lange Entwicklung hinter sich. Hier nochmal die geschichtlichen Stationen:

- **Alles besteht aus einer einzelnen Ursubstanz, nämlich Wasser, Luft oder Feuer (500 v. Chr.)**
- **Alles besteht aus den vier Substanzen Erde, Wasser, Luft und Feuer (500 v. Chr. bis 1800)**
- **Alles besteht aus den Atomen der 81 chemischen Elemente (1800 bis 1910)**
- **Alles besteht aus den drei subatomaren Teilchen Protonen, Neutronen und Elektronen (1910 bis 1970)**
- **Alles besteht aus den drei Elementarteilchen Up-Quarks, Down-Quarks und Elektronen (1970 bis heute)**

Experten werden bemängeln, dass bei dieser Auflistung die Bosonen fehlen. Das sind die Teilchen, die nach dem Standardmodell der Elementarteilchenphysik eine Kraftwirkung vermitteln. Bei ihnen handelt es sich in gewisser Weise zwar auch um Elementarteilchen, aber nicht um Bausteine der Materie. Hier wollen wir uns auf die „richtigen" Teilchen beschränken, die – um es anschaulich auszudrücken – Platz beanspruchen. Für diese sogenannten Fermionen gilt das bereits erwähnte Pauli-Prinzip, das sagt: Diese Teilchen gehen sich aus dem Weg. Es entspricht unserer Alltagsintuition, der zufolge keine zwei Objekte gleichzeitig denselben Raum einnehmen können. Für die hier fehlende Teilchensorte der Bosonen, zu denen unter anderem die Photonen, also die Lichtteilchen gehören, gilt dies nicht. Ein Lichtstrahl ist ein Strom aus Energiepaketen, die zwar auch als Teilchen angesehen werden können, aber es sind eben keine „richtigen" Teilchen, denn sie beanspruchen keinen Raum. Das bedeutet, dass sich zwei Laserstrahlen ungestört durchkreuzen. Bestünden sie dagegen aus „richtigen" Teilchen ginge das nicht, denn dann würden sie miteinander kollidieren.

Doch was sind diese Up-Quarks, Down-Quarks und Elektronen denn nun wirklich? Wir wissen, dass alle Materie aus ihnen aufgebaut ist. Sie sind punktförmig und daher ohne Ausdehnung, sie haben eine Masse und eine elektrische Ladung, die positiv oder negativ sein kann. Allen gemeinsam ist außerdem, dass sie einen Eigendrehimpuls, den sogenannten Spin, aufweisen, sie also ständig um sich selbst rotieren. Experimentell lässt sich das im Fall der Elektronen mit dem Einstein-de-Haas-Effekt belegen. Durch ein Magnetfeld werden die Umdrehungen aller Elektronen in einem Eisenstab parallel ausgerichtet, beispielsweise linksherum. Die Drehimpulserhaltung bewirkt, dass dann der gesamte Stab in die andere Richtung rotieren muss, was sich in einer mit dem bloßen Auge sichtbaren Drehung manifestiert. Der Eigendrehimpuls der Elektronen ist also tatsächlich eine Rotation. Aber wie können sie sich um sich selbst drehen, wenn sie punktförmig sind?

Um dem wahren Charakter der Elementarteilchen auf die Spur zu kommen, ist eine weitere experimentelle Beobachtung hilfreich, nämlich dass sie durch Energiezufuhr, beispielsweise in Form eines energiereichen Lichtteilchens, aus dem Nichts erschaffen werden können. Das Photon muss mindestens die Energie haben, die der Masse eines Elektrons entspricht, um ein solches zu erzeugen. Es gibt allerdings noch ein Problem, denn zusätzlich zu der Energieerhaltung gilt es, die fundamentalen Naturgesetze der Drehimpulserhaltung und der Ladungserhaltung zu erfüllen. Ein Elektron hat eine negative Ladung und dreht sich um sich selbst. Um die Äquivalenz zu bewahren, ist es daher notwendig, dass außerdem ein positiv geladenes Teilchen mit gegenläufigem Spin entsteht. Daher kann der Prozess nur vonstattengehen, wenn parallel zum Elektron ein Anti-Elektron, auch Positron genannt, erzeugt wird. Letzteres hat die gleichen Eigenschaften wie das Elektron, nur dass es positiv geladen ist. Es ist deshalb möglich, Elektron-Positron-Paare aus dem Raum-Zeit-Kontinuum wie Funken auf einem Amboss „herauszuschlagen". Teilchen können also aus dem Nichts geschaffen werden.

Was ist dann aber ein Teilchen? Die Vorstellung eines kleinen Balls ist offenbar unzureichend. Eine besseres Bild wäre das eines Wirbels auf einer ruhigen Wasseroberfläche, welche die Raumzeit repräsentiert. Hier tritt die Ähnlichkeit besser hervor: Wirbel können durch Energiezufuhr erzeugt werden, in unserer Analogie zum Beispiel durch ein eintauchendes Ruder. Auch bilden sich dort immer zwei Wirbel paarweise in entgegengesetzter Richtung. Das gleiche gilt für Luftströmungen um einen Berggipfel. Die gegenläufigen Wirbel entsprechen den Teilchen-Antiteilchen-Paaren, die durch Energiezufuhr aus der Raumzeit herausgeschlagen werden. Auch die Materie-Antimaterie-Vernichtung erscheint vor diesem Hintergrund verständlicher: Ihre jeweiligen Teilchen

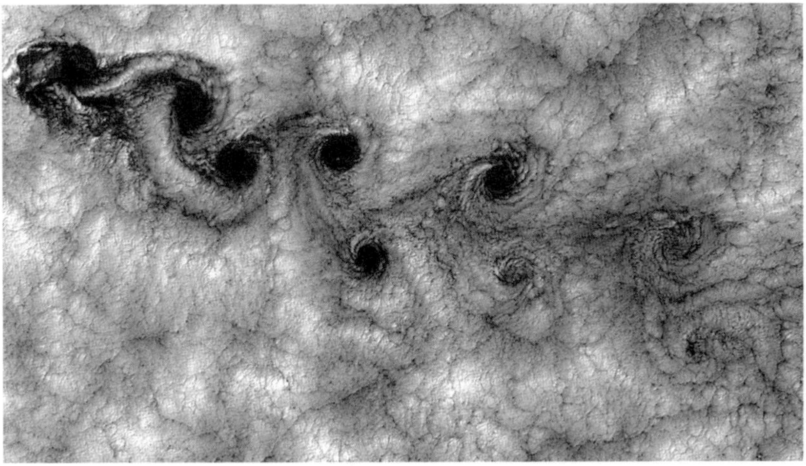

Abb. 8: Kármánsche Wirbelstraße einer langsam driftenden Wolkendecke über einem Berg. Man beobachte die paarweise Entstehung der Wirbel mit jeweils entgegengesetztem Drehsinn.

rotieren in entgegengesetzte Richtungen und heben einander bei Kontakt auf. Das bringt uns einer Antwort auf unsere Ausgangsfrage erstaunlich nahe: Ein Elementarteilchen ist demnach nur Energie, gebunden in der Form eines Wirbels, der ohne äußere Einwirkung nicht zerfallen kann, da es keine Reibung gibt und Drehimpuls und Ladung erhalten bleiben müssen. Zwei gegenläufige Wirbel löschen sich aus. Übrig bleibt pure Energie in Form von Gammastrahlung.

In diesem Bild wird außerdem der experimentelle Befund, dass Elementarteilchen keinen messbaren Durchmesser haben, etwas verständlicher. Sie verfügen offenbar über keinen wie auch immer gearteten Kern. Das Gleiche gilt für Wirbel. Es gibt zwar ein Zentrum im Sinne eines räumlichen Mittelpunkts, aber man kann sich diesem immer weiter annähern, ohne zu einem neuen Teil des Gebildes selbst zu gelangen. Sollte ein versteckter Kern im Inneren eines Elementarteilchens existieren, dann wäre dieser zumindest kleiner als alles, was wir heute experimentell zu erschließen in der Lage wären.

**Zusammenfassung: Elementarteilchen**

Alle Materie besteht aus „richtigen" Teilchen, also solchen, die Platz beanspruchen und eine Masse haben. Die Vielfalt der 81 stabilen chemischen Elemente lässt sich auf nur drei Teilchen – Proton, Neutron und Elektron – zurückführen, aus denen alle Atome aufgebaut sind. Aber die ersten beiden haben einen messbaren Durchmesser, was bedeutet, dass sie ihrerseits aus etwas bestehen müssen. Wie wir heute wissen, liegen ihnen noch kleinere Bausteine, die Quarks, zugrunde. Bei diesen und bei den Elektronen handelt es sich um echte Elementarteilchen, denn sie sind punktförmig. Trotzdem drehen sie sich um sich selbst. Sie können durch Energiezufuhr aus der Raumzeit herausgeschlagen werden und verschwinden wieder, wenn sie in Kontakt mit ihrem Antiteilchen kommen. Was sind Elementarteilchen also wirklich? Ein mögliches Bild wären Anregungszustände der Raumzeit ähnlich den Wirbeln auf einer Wasseroberfläche. Ihre wirkliche Natur ist für unser Denken vermutlich zu fremdartig, als dass wir sie „verstehen" könnten. Immerhin sind wir aber nun in der Lage, die Frage zu beantworten, woraus alles besteht: Aus Up-Quarks, Down-Quarks und Elektronen.

## 2.3. Die Naturkräfte

**Damit auf der zunächst** leeren Bühne der Raumzeit etwas geschieht, werden Akteure benötigt und das sind die Teilchen. Damit diese aber nicht nur isoliert im Raum schweben, gibt es Kräfte, die zwischen ihnen wirken. In unserem Universum sind es nach dem aktuellen Stand des Wissens dieser vier, die verursachen, dass sich die Teilchen abstoßen, anziehen oder zu Aggregaten vereinigen. Wir werden sie in diesem Kapitel nacheinander behandeln, dann ihre relative Stärke, also ihre Verhältnisse untereinander beleuchten und schließlich noch ein paar Worte darüber verlieren, was eine Kraft eigentlich genau ist.

### Die Gravitation

Alle Massen ziehen sich gegenseitig an. Präziser ausgedrückt: Die Anziehungskraft zwischen zwei Körpern ist proportional zu ihrem Gewicht und sinkt mit ihrem Abstand quadratisch. So die Essenz von Newtons Gravitationsgesetz. Die Schwerkraft, wie man sie auch nennt, ist eine relativ schwache, aber dafür sehr weitreichende Kraft. Sie bewirkte, dass sich nach dem Urknall das heiße Gas, welches zunächst das Universum gleichmäßig ausfüllte, in gigantischen Wolken zusammenzog, die schließlich zu Sternen werden sollten. Überhaupt war und ist sie für die Bildung aller großen kosmischen Strukturen verantwortlich. Durch ihre Hand entstanden ganze Galaxien und Megacluster. Auch hält sie die Erde auf ihrer Bahn um die Sonne und unsere Sonne auf ihrer Bahn um das Zentrum der Milchstraße. Dabei ist sie äußerst zuverlässig, denn unser Planet hat seinen Kurs seit 4,6 Milliarden Jahren kaum merklich geändert. Die Gravitationsanziehung bestimmt auch maßgeblich unseren Alltag, denn ohne sie würde alles davonschweben, wir selbst und unsere Atmosphäre eingeschlossen.

Die Schwerkraft ist gleichzeitig eine der am besten verstandenen Naturkräfte und trotzdem eines der größten Rätsel der Physik. Einstein konnte sie als Krümmung der Raumzeit erklären. Damit ist sie eine Scheinkraft ähnlich den Fliehkräften in einem Auto, das um eine Kurve fährt. Die Insassen meinen, eine Kraft würde auf sie wirken, aber tatsächlich versucht nur ihre Massenträgheit, sie auf einer geraden Bahn relativ zur Bewegung des Fahrzeugs zu halten. Deshalb ist die Fliehkraft keine echte Kraft und dieses Rational erstreckt sich auch auf die Gravitation. Indem er sie als Scheinkraft in einem gekrümmten Raum entlarvte, konnte Einstein die Gleichheit von schwerer und träger Masse mit großer Eleganz veranschaulichen, denn diese Äquivalenz gilt für sie immer. Es gibt daher eigentlich nur träge Masse, denn schwere Masse ist ein Artefakt der Scheinkraft. Auf der Grundlage seiner Theorie der Gravitation, der allgemeinen Relativitätstheorie, vermochte Einstein auch ihre anderen Auswirkungen, nämlich die Verzerrung des Raums und die Verlangsamung der Zeit, zu erklären.

Damit stellte er die Physik vor ein großes Problem: Die Theorie der Gravitation passt nämlich nicht zur Theorie der drei anderen Naturkräfte, deren Herleitung auf der Quantenphysik beruht und zusammenbricht, sobald Masse und Schwerkraft ins Spiel kommen. Folglich sind die Theoriegebäude der allgemeinen Relativitätstheorie und der Quantenphysik inkompatibel. Sie vertragen sich nicht oder, besser gesagt, schließen sich sogar gegenseitig aus.

## Die elektromagnetische Wechselwirkung

Neben der Gravitation gibt es noch eine zweite Naturkraft, die unseren Alltag maßgeblich bestimmt: die elektromagnetische Wechselwirkung. Sie bewirkt ebenfalls die Bildung größerer Aggregate aus einzelnen Bausteinen. Dazu gehören Atome, Moleküle und Festkörper, aber auch elektromagnetische Strahlung wie Radiowellen, Röntgenstrahlen und das Licht. Verglichen mit der Schwerkraft ist sie deshalb auf deutlich kleineren Skalen aktiv, was jedoch nicht bedeutet, dass sie weniger wichtig wäre. Damit sich nach dem Urknall aus dem heißen Plasma von Elektronen und Protonen Wasserstoff bilden konnte, mussten sich diese zu Atomen vereinigen. Für deren Bildung und Stabilität verantwortlich ist die elektrostatische Anziehung – ein Teil der elektromagnetischen Naturkraft – zwischen ungleichnamigen Ladungen. Sie sorgt weiterhin dafür, dass sich Atome zu Molekülen verbinden, und sie hält Festkörper wie Diamant und Eisen zusammen.

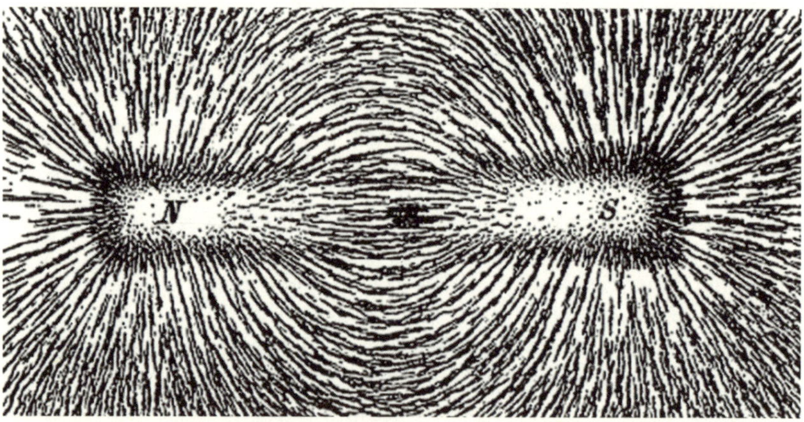


Abb. 9: Längliche Eisenfeilspäne richten sich wie Kompassnadeln parallel zu einer lokal wirkenden magnetischen Kraft aus. Mit Ihnen lässt sich das für uns unsichtbare Magnetfeld, das einen Stabmagneten umgibt, sichtbar machen.

Eine tiefere Erklärung, wie die Kraftwirkung zustande kommt, fand man erst mit der Entwicklung der Quantenphysik, der zufolge die elektromagnetische Kraft über virtuelle Photonen vermittelt wird. Bei ihnen handelt es sich um die Quanten des

Lichtfeldes, also die winzigen Energiepakete, aus denen das Licht besteht. „Virtuell" sind sie deshalb, weil es sie nur so lange gibt, wie sie zwischen zwei richtigen Teilchen wirken. In einem elektrischen Feld fliegen sie zwischen den beiden Ladungen, beispielsweise Kern und Elektron eines Wasserstoffatoms, hin und her und vermitteln dadurch die Kraft. Sie entstehen ähnlich wie die Vakuumfluktuationen im Rahmen der Zeit-Energie-Unschärferelation und existieren nur für kurze Zeit. Die Vorstellung eines raumausfüllenden elektrischen oder magnetischen „Feldes", wie der Begriff zunächst suggeriert, ist damit hinfällig. Es fiel der Physik ohnehin schon immer schwer zu erklären, um was es sich dabei überhaupt handeln sollte. Heute kennt sie keine Felder mehr: Das Gravitationsfeld wurde durch die Krümmung der Raumzeit ersetzt und das elektrische und magnetische Feld durch Schwärme virtueller Lichtteilchen.

Der gesunde Menschenverstand, der uns im Alltag so viele nützliche Dienste erweist, versagt in beiden Fällen: Die Krümmung der Raumzeit ist ebenso unvorstellbar wie das Wirken einer Kraft durch den Austausch virtueller Photonen. Bereits in diesen Bereichen der Wirklichkeit, die noch relativ nahe an unserer Lebenswelt liegen, können wir uns nur mit einfachsten Bildern und Analogien behelfen, die aber der Realität bei weitem nicht mehr gerecht werden. Allein die Mathematik hilft uns hier weiter, denn sie benötigt keine Anschauung. Dabei befinden wir uns noch tief im bekannten Bereich und bis zur Grenze des Wissens ist es ein gutes Stück.

### Die starke Wechselwirkung

Mit den beiden verbleibenden Naturkräften haben wir direkt nur wenig zu tun, denn sie wirken ausschließlich im Atomkern. Da sie aber zum Beispiel für die Bildung der schwereren chemischen Elemente jenseits des Heliums verantwortlich sind, wozu Kohlenstoff und Sauerstoff, die Bausteine des Lebens, gehören, gäbe es ohne sie keine Menschen, Pflanzen und Tiere im Universum. Auch würde die Sonne erlöschen, weil ihre Energiequelle, die Fusion, auf diesen beiden noch fehlenden Naturkräften basiert.

Betrachten wir also zuerst die sogenannte starke Wechselwirkung, welche die Teilchen im Atomkern zusammenhält. Angesichts deren winziger Masse wäre die Gravitation hierfür viel zu schwach und auch die elektromagnetische Wechselwirkung käme nicht in Frage, da Protonen positiv geladen sind und sich deshalb gegenseitig abstoßen. Der Atomkern müsste also, wenn es die starke Kraft nicht gäbe, sofort auseinanderfliegen. Sie wirkt in erster Linie zwischen Quarks und ist immer anziehend. Quasi als Nebeneffekt hält sie zusätzlich die Protonen und Neutronen zusammen. Die starke Wechselwirkung ist, wie der Name schon sagt, die stärkste der vier Naturkräfte. Das lässt sich unter anderem daran erkennen, dass sie die elektrostatische Abstoßung der Protonen im Atomkern überwindet. Aus diesem Grund ist auch die Kernspaltung, die auf ihr beruht, gleichzeitig so enorm leistungsstark und gefährlich. Dabei handelt es sich bei diesem Prozess nur um eine abgeschwächte Version der eigentlichen Naturkraft. Die Fusion, welche ganze Sterne Milliarden von Jahren lang mit Energie versorgt, basiert auf der direkten Anziehung zwischen Protonen und Neutronen und ist deshalb als Energiequelle noch zehnfach potenter.

Grundsätzlich wirkt die starke Kraft zwischen Protonen untereinander, zwischen Neutronen untereinander, sowie zwischen Protonen und Neutronen. Wenn sich diese Teilchen zu einem größeren Atomkern vereinigen, wird sehr viel Energie frei. Beim Urknall entstanden zunächst nur sehr leichte Atome, hauptsächlich Wasserstoff und Helium. Später wurden die Sonnen geboren, die durch Fusion dieser beiden zu schwereren Elementen in ihrem Zentrum Energie generierten. Im Zuge dessen bildeten sich sämtliche Atomkerne bis hin zum Eisen. Alle Abläufe dieser Art beruhen auf der starken Wechselwirkung. Die enorme Energie, die dabei frei wird, lässt die Sterne leuchten. Ab dem Eisen jedoch, dem stabilsten Atomkern, kippt die Energiebilanz durch weitere Fusionsprozesse zu noch schweren Elementen ins Negative. Außerdem sind diese zunehmend instabil, da die elektrostatische Abstoßung zwischen den Protonen ihre Kerne destabilisiert. Die Entstehung solcher Atome ist also nicht mehr mit normalen Fusionsprozessen im Zentrum von Sonnen zu erklären. Das wirft natürlich die Frage auf, woher die schwereren Elemente wie Blei und Uran kommen, deren Atome mehr Protonen und Neutronen als Eisen enthalten. Nach der gängigen Vorstellung waren dafür ultraschnelle Fusionsprozesse in explodierenden Supernovae oder ähnlich hochenergetische Prozesse in massenreichen

Sonnen, die heute längst erloschen sind, verantwortlich. Insgesamt gilt daher trotzdem, dass alle Elemente außer Wasserstoff und Helium im Innern der Sterne entstanden sind, manche eben nur unter ungewöhnlicheren Umständen. Das heißt, wir Lebewesen bestehen im wahrsten Sinne des Wortes aus Sonnenstaub. Längst erloschene Sterne, die vielleicht schon kurz nach dem Urknall entstanden waren und nur wenige Millionen Jahre brannten, verteilten ihre mit schweren Elementen angereicherte Asche explosionsartig im interstellaren Gas. Daraus entstanden schließlich die Planeten des Sonnensystems und damit auch wir. Alle drei bisher behandelten Naturkräfte haben damit maßgeblich zur Entstehung von Leben im Universum beigetragen.

### Die schwache Wechselwirkung

Nun fehlt uns nur noch eine Naturkraft, nämlich die schwache Wechselwirkung. Auch sie findet sich ausschließlich im Atomkern. Dabei ist sie keine Kraft im klassischen Sinn, die eine Anziehung oder Abstoßung von Teilchen bewirken würde. Stattdessen ermöglicht die schwache Wechselwirkung die Umwandlung von Quarks in andere Quarks, beispielsweise von Up zu Down. So werden Protonen zu Neutronen und umgekehrt. Dieser Prozess findet immer dann statt, wenn sich damit Energie gewinnen lässt. Beispielsweise sind leichte Atomkerne stabil, wenn sie ungefähr gleich viele Protonen wie Neutronen enthalten. Der Grund dafür ist quantenmechanischer Natur und an dieser Stelle nicht so wichtig. Dagegen sind sehr schwere Atomkerne wie Uran nur dann stabil, wenn sie einen erheblichen Überschuss an Neutronen aufweisen. Der Kern des leicht spaltbaren Isotops namens Uran-235, also einer Variante des Elements mit abweichender Massenzahl, besteht aus 92 Protonen und 143 Neutronen. Dieses Ungleichgewicht ist notwendig, um den Kern irgendwie gegen die elektrostatische Abstoßung der vielen Protonen zu stabilisieren. Daher lässt er sich aber leicht in zwei Hälften mit jeweils ungefähr der Hälfte an Protonen und Neutronen spalten, die aufgrund der starken Abstoßung rasch auseinanderfliegen. Ein Beispiel für ein solches Spaltprodukt wäre ein Palladium-Atomkern mit 46 Protonen und 71 Neutronen. Er ist instabil und hochradioaktiv, da die stabilen Isotope des Palladiums nur zwischen 56 und 65 Neutronen aufweisen. An dieser Stelle setzt die vierte Naturkraft ein und wandelt die überschüssigen Neutronen in Protonen um bis wieder ein stabiler Atomkern erreicht ist. Das hört sich zunächst einmal harmlos an, aber jeder einzelne Umwandlungsprozess repräsentiert einen radioaktiven Zerfall, bei dem Strahlung entsteht. Der Neutronenüberschuss der Spaltprodukte in Uranreaktoren ist zusammen mit der schwachen Wechselwirkung für die enorme Radioaktivität abgebrannter Brennstäbe verantwortlich.

Auf einer angenehmeren Note bedeutet ihre Wirkung aber auch, dass die schwache Wechselwirkung für das Leuchten der Sonnen unerlässlich ist. Wie bereits erwähnt, generieren die Sterne ihre Energie aus der Fusion von Wasserstoff zu Helium. Der Kern des Wasserstoffs ist ein einfaches Proton. Helium gehorcht dagegen dem Gesetz, dass leichte Atomkerne aus gleich vielen Protonen und Neutronen bestehen müssen. In der Sonne werden vier Wasserstoffkerne, folglich vier Protonen, zu einem Heliumkern aus zwei Protonen und zwei Neutronen fusioniert.

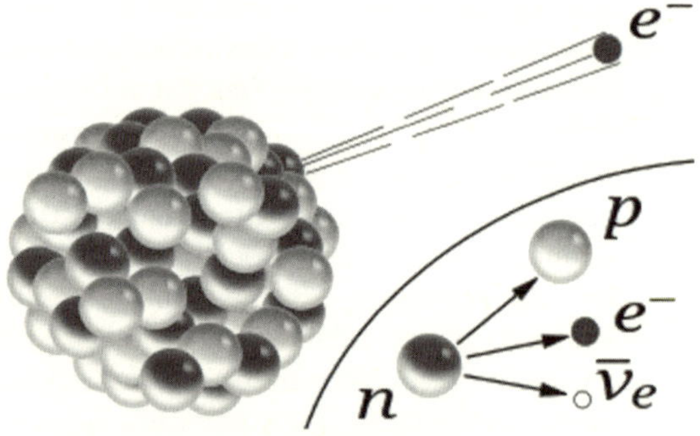


Abb. 10: Ein Atomkern mit einem Neutronenüberschuss ist instabil. Beim „Beta-Minus-Zerfall“, der die Stabilität des Kerns wieder erhöht, wandelt sich ein Neutron *(n)* über die schwache Wechselwirkung in ein Proton *(p)* um. Es werden ein schnelles Elektron *(e⁻)* und ein Neutrino *(ve)* abgestrahlt. Das Neutrino ist unbedenklich, aber das schnelle Elektron bildet die sogenannte Betastrahlung, eine der drei schädlichen Strahlungsarten der Radioaktivität. Kerne mit hohem Neutronenüberschuss sind ein Produkt der Kernspaltung und die Spaltfragmente unweigerlich starke Betastrahler. Das ist der Grund für die Gefahr, die von verbrauchten Brennelementen aus Kernreaktoren ausgeht.

Die schwache Wechselwirkung sorgt dafür, dass sich in den Zwischenschritten der Heliumfusion zwei der vier Protonen in

Neutronen umwandeln. Auch das ist ein radioaktiver Prozess, bei dem Strahlung im Zentrum der Sonne entsteht. Durch die umschließenden Gasmassen sind wir auf der Erde allerdings recht gut davor geschützt.

**Die relative Stärke der Naturkräfte**

Wie wir gesehen haben, ist das Verhältnis der vier Naturkräfte eine entscheidende Voraussetzung für die Existenz von Leben. Würde man in einem künstlichen Universum ihre relative Gewichtung oder sogar Anzahl verändern, wäre es sehr wahrscheinlich steril. Hier bei uns steht die starke Wechselwirkung, welche die Atomkerne gegen die elektrostatische Abstoßung der positiv geladenen Protonen zusammenhält, an erster Stelle. Im Blei, dem schwersten stabilen Element, sind es 82 Protonen, die im Kern auf kleinstem Raum zusammengepackt sind. Es erfordert eine massive anziehende Kraft, um so viele positiv geladene Teilchen am gleichen Ort zu halten. Das ist die starke Wechselwirkung. Sie wirkt zwischen den Quarks und zwischen allen Teilchen, die aus Quarks bestehen. Für Atomkerne, die noch mehr Protonen enthalten, genügt die starke Wechselwirkung aber nicht mehr und sie werden instabil. Das gilt zum Beispiel für Uran, dessen Kern aus 92 Protonen und 143 Neutronen besteht. Der Überschuss an neutralen Teilchen schwächt die elektrostatische Abstoßung etwas ab, da sie zur starken Kraft beitragen, ohne selbst geladen zu sein. Aber beim Uran ist das Ende der Fahnenstange erreicht. Noch schwerere Elemente wie Plutonium sind ungeachtet der Zahl ihrer Neutronen hochgradig instabil und zerfallen in kurzer Zeit. Sie kommen in der Natur nicht vor, sondern können nur künstlich erzeugt werden.

Warum existieren keine Atomkerne, die ausschließlich aus Neutronen bestehen? Dann gäbe es das Problem der gegenseitigen Abstoßung der Protonen nicht, was zu stabileren Kernen führen würde. Das Problem ist die schwache Wechselwirkung. Als freie Teilchen sind Neutronen nämlich instabil und zerfallen zu Protonen. In einem hypothetischen Atomkern würde dieser Prozess sofort einsetzen und ungefähr die Hälfte der Neutronen sich sehr rasch in Protonen umwandeln. Das geht so lange, wie der Kern durch diese Prozesse Bindungsenergie gewinnen kann. Insgesamt ist es ein diffiziles energetisches Gleichgewicht zwischen den beiden Naturkräften und den Gesetzen der Quantenphysik, das letztlich dafür sorgt, dass leichte Atomkerne aus gleich vielen Protonen und Neutronen bestehen.

Aus den Verhältnissen im Atomkern lässt sich die relative Stärke der Naturkräfte unter sonst identischen Bedingungen abschätzen. Demnach ist die starke etwa zehnmal wirkmächtiger als die elektromagnetische Wechselwirkung. Die Gravitation, die uns in unserem Alltag ungeheuer dominant vorkommt, landet dagegen auf dem letzten Platz. Betrachten wir dazu ein Wasserstoffatom. In einfachster Näherung umkreist ein Elektron den Atomkern, der nur aus einem Proton besteht. Die elektrostatische Anziehung ist mit Hilfe des Coulomb-Gesetzes schnell ausgerechnet. Das Gleiche gilt für die Anziehung, die aufgrund der Gravitation zwischen der Masse des Atomkerns und der des Elektrons herrscht. Diese fällt unter sonst identischen Bedingungen – Abstand und Größe der Teilchen – relativ zur elektromagnetischen Kraft absolut winzig, genauer gesagt um den Faktor $10^{-41}$ schwächer aus. Dass uns die Schwerkraft als so stark erscheint, liegt an der gigantischen Masse der Erde und der anderen Himmelskörper in unserem Sonnensystem. Reduzieren wir die Betrachtung auf die Anziehung zwischen zwei Menschen, ist sie dagegen kaum noch messbar.

Zwischen größeren Objekten wie Planeten und Sonnen spielt die elektromagnetische Wechselwirkung keine Rolle, weil die Objekte immer aus gleich vielen negativen wie positiven Ladungen bestehen. Die Kraftwirkung neutralisiert sich also zu null. Bei der Gravitation ist das unmöglich, da sie immer anziehend, also in eine Richtung wirkt. So etwas wie eine Antischwerkraft scheint es in unserem Universum nicht zu geben – abgesehen von der quasi-antigravitativen Wirkung der Dunklen Energie, mit der wir uns in Kapitel 3 näher beschäftigen werden.

Die schwache Wechselwirkung ist, wie der Name schon sagt, schwach – aber längst nicht so schwach wie die Gravitation. Das Adjektiv wurde dennoch passend gewählt, weil der Bezugsrahmen die beiden anderen Kräfte sind, die im Atomkern eine Rolle spielen. Sie ist insofern merkwürdig, als dass sich ihre Wirkung hauptsächlich über radioaktive Zerfälle und Halbwertszeiten äußert. Ein Vergleich der relativen Stärke gestaltet sich daher schwierig. In der quantenmechanischen Beschreibung der

Naturkräfte ist oft von der Wahrscheinlichkeit die Rede, dass ein bestimmter Vorgang, wie beispielsweise ein radioaktiver Zerfall, einsetzt. Für viele Prozesse der schwachen Kraft fällt diese gering aus, weshalb sich für sie mit einem Faktor von $10^{-15}$ ein formal schwacher Effekt im Vergleich zur starken Wechselwirkung errechnen lässt.

Fassen wir unsere Befunde kurz zusammen: Die starke Wechselwirkung steht, wie ihr Name bereits suggeriert, in der Hierarchie der Naturkräfte an erster Stelle, gefolgt von der rund hundertmal schwächeren elektromagnetischen Wechselwirkung. Noch drastisch weniger wirkmächtig, nämlich um eine Zahl mit 14 Nullen nach dem Komma, ist die schwache Wechselwirkung. Das absolute Schlusslicht bildet die Gravitation. Tabelle 1 zeigt eine Übersicht der wichtigsten Eigenschaften der vier Naturkräfte. Diese Werte sind für uns wichtig, denn wären sie anders, gäbe es kein Leben im Universum. Warum sie allerdings diese Größenordnungen und Verhältnisse aufweisen, ist unbekannt.

| Grundkraft | Austauschteilchen | relative Stärke | Reichweite (m) |
|---|---|---|---|
| Starke Kraft | Gluon | 1 | $\approx 10^{-15}$ |
| Schwache Kraft | $W^+$-Boson | $10^{-15}$ | $< 10^{-15}$ |
| | $W^-$-Boson | | |
| | $Z^0$-Boson | | |
| Elektromagnetische Kraft | Photon | $10^{-2}$ | $\infty$ |
| Gravitation | Graviton* | $10^{-41}$ | $\infty$ |

Tab. 1: In der Standardtheorie der Physik wird eine Kraftwirkung über den Austausch virtueller Teilchen hervorgerufen. Das gilt für die andcren drei Naturkräfte, aber nicht für die Gravitation. Das Austauschteilchen „Graviton“ ist bisher also im Gegensatz zu den $W^{+-}$, $W^{--}$ und $Z^0$-Bosonen der schwachen und den Gluonen der starken Wechselwirkung ein rein theoretisches Gebilde.

## Was ist eine Kraft?

Die Physik weiß zwar viel über die vier Naturkräfte, aber es herrscht noch Unsicherheit darüber, worum es sich bei einer Kraft an sich eigentlich handelt. Im Unterricht lernen die Schülerinnen und Schüler, dass ein Permanentmagnet oder ein elektrisch geladener Körper von einem Feld umgeben ist. Das gilt auch für die Erde mit ihrem Gravitationsfeld. Doch was sind überhaupt Felder? Einer geläufigen Erklärung zufolge wirken sie Kraft auf entsprechend geladene Körper aus. Bei einem Magnetfeld müssen diese magnetisch, bei einem elektrischen Feld dagegen elektrisch geladen sein. Im Fall des Gravitationsfeldes entspricht die „Ladung" ihrer Masse. Ein Muster zeichnet sich ab: Für jede Kraft gibt es so etwas wie eine verallgemeinerte Ladung und wenn diese vorliegt, kann das passende Feld eine Wirkung ausüben. Aber handelt es sich dabei um eine Substanz wie Wasser oder eher um eine Veränderung des Raums? Oder wird die Kraft über unsichtbare Fäden oder Teilchen vermittelt? Mit dem Feldbegriff waren die Physikerinnen und Physiker lange Jahre unzufrieden, bis schließlich neue Theorien mehr Licht ins Dunkel brachten.

Drei der vier Naturkräfte können im Rahmen der Quantentheorie als Wechselwirkungen, daher auch ihre Namen, erklärt werden. Dic Modellvorstellung beschreibt eine Kraftwirkung als Austausch von unsichtbaren Vermittlerteilchen, die nur für einen kurzen Augenblick im Rahmen der Zeit-Energie-Unschärferelation existieren. Wenn sich zwei gleichnamige, „richtige" Teilchen anziehen oder abstoßen, dann tauschen sie dabei zusätzliche, „virtuelle" Teilchen aus, welche die Kraftwirkung hervorrufen. Inzwischen konnte man ihre Existenz für alle drei Naturkräfte, bei denen man die Vorstellung einer Austauschkraft annimmt, direkt oder indirekt bestätigen. Die elektromagnetische Wechselwirkung wird durch den Austausch von Photonen vermittelt, die starke Wechselwirkung durch den Austausch von Gluonen und die schwache Wechselwirkung durch den Austausch von $W^{+}$-, $W^{-}$- und $Z^{0}$-Bosonen. Insbesondere der experimentelle Nachweis letzterer wurde als großer Erfolg des auf der Quantenmechanik basierenden Standardmodells der Elementarteilchenphysik gefeiert. Sie alle gehören ebenfalls zu den Elementarteilchen, weshalb deren Liste entsprechend erweitert werden muss.

Es gibt kaum eine Möglichkeit, den genauen Prozess, der einer Kraftwirkung zugrunde liegt, bildlich zu veranschaulichen. Für abstoßende Kräfte wäre vielleicht die Vorstellung von zwei Personen, die jeweils auf einem kleinen Boot stehen und sich gegenseitig einen Ball zuwerfen, hilfreich. Durch den Rückstoß treiben sie langsam auseinander. Der Ball repräsentiert dabei das Austauschteilchen, das zwischen den „richtigen" Teilchen in Form der Boote hin- und herspringt. Dieses Beispiel ist noch nachvollziehbar. Aber für eine anziehende Kraft gibt es keine einleuchtenden Vergleiche aus unserer Erfahrungswelt, wie uns ganz allgemein Analogien zu den sehr fremdartigen Vorgängen auf der Nanoebene der Realität fehlen.

Außerdem passt die Schwerkraft nicht in das Bild einer Wechselwirkung. Einstein hat das Gravitationsfeld als einen Bereich erklärt, in dem die Raumzeit gekrümmt ist. Dort verläuft die Zeit langsamer. Das „Fallen" von Körpern nach unten ist demzufolge nichts anderes als ein Sog hin zu Bereichen langsamer vergehender Zeit. Das gilt für schwache Gravitationsfelder. Sind diese stark, bleibt die Zeit sogar stehen, während gleichzeitig der Raum stark kontrahiert. Da wir keine Sinnesorgane für die Raumzeit haben, können wir diese Phänomene weder wahrnehmen noch uns wirklich vorstellen. Trotzdem wird klar, dass sich ein Gravitationsfeld drastisch von einem elektrischen oder magnetischen Feld unterscheidet. In einem Fall ist die Raumzeit verzerrt, im anderen mit virtuellen Photonen angefüllt. Die Physik versucht, eine gemeinsame Theorie aller vier Naturkräfte zu finden, denn es erscheint wenig plausibel, dass sie auf derartig unterschiedlichen Mechanismen beruhen. Es besteht die Möglichkeit, dass beide Erklärungen, sowohl die Wechselwirkungen als auch die gekrümmte Raumzeit, unvollständig sind. Bisher hat man aber noch keine übergeordnete Theorie gefunden, die gleichermaßen für alle vier Naturkräfte zutrifft.

Dahinter verbirgt sich ein wirklich ernstes Problem. Zwei der fundamentalen Theoriegebäude der Physik, die Quantenmechanik und die Relativitätstheorie, passen nicht zusammen. Das müssen sie aber, wenn sie einen Anspruch auf Vollständigkeit und Allgemeingültigkeit haben wollen. Vermutlich beschreiben sie also nur einen Teil der Wirklichkeit. Das bedeutet, es gibt mehr als wir bisher entdeckt haben. Mit der quantenphysikalischen Erklärung dreier der Naturkräfte als Wechselwirkungen wurde eine neue Klasse von Teilchen eingeführt: die „virtuellen" oder Austauschteilchen. Auch sie haben keine messbare Ausdehnung und werden in den Tabellen der Elementarteilchen mit aufgelistet. Aber wie unterscheiden sich Austauschteilchen wie die Photonen von „richtigen" Teilchen wie den Elektronen? Die Antwort auf diese Frage hat mit dem sogenannten Welle-Teilchen-Dualismus zu tun. In der klassischen Physik wird streng zwischen Wellen und Teilchen unterschieden. Erstere sind ausgedehnt und an vielen Orten gleichzeitig, letztere bewegen sich entlang einer genau definierten Bahn und sind zu jedem Zeitpunkt an genau einem Ort. Weil sie Platz beanspruchen, können nie zwei von ihnen im selben Augenblick denselben Raum einnehmen. Für Wellen ist das dagegen kein Problem. Sie durchdringen einander ungestört. Weiterhin weisen Wellen die Phänomene der Beugung und Interferenz auf, die für Teilchen undenkbar sind.

Im Zuge der Entwicklung der Quantenmechanik sah man sich gezwungen, diese Unterscheidung aufzugeben. Die Physik entdeckte, dass Teilchen ebenfalls Interferenz und Beugung aufweisen, und sich bei Wellen gleichsam Eigenschaften beobachten lassen, wie man sie sonst nur von Teilchen kennt. Wir kommen in Kapitel 5 ausführlicher auf diesen Punkt zu sprechen. Hier ist es wichtig festzuhalten, dass die Dichotomie zwischen Wellen und Teilchen vor rund 100 Jahren der zwischen Fermionen und Bosonen weichen musste. Was bedeutet das genau? Wir erinnern uns, dass wir die Systematik der Elementarteilchen im letzten Abschnitt um die Austauschteilchen erweitert hatten. Zusätzlich zu den Quarks, Elektronen und Neutrinos enthält diese nun noch die Photonen, Gluonen sowie die $W^{+-}$, $W^{--}$ und $Z^0$-Bosonen. Sie alle haben unterschiedliche Eigenschaften, doch nur eine davon entscheidet darüber, ob es sich bei ihnen um „richtige" oder „virtuelle" Teilchen handelt. Erstere haben einen Eigendrehimpuls oder Spin von ½ $\hbar$ („h quer") und werden Fermionen genannt, letztere haben einen Eigendrehimpuls von 1 $\hbar$ und werden Bosonen genannt. Ähnlich wie die elektrische Ladung ist der Drehimpuls in der Nanowelt quantisiert, wobei $\hbar$ die Quantisierungseinheit bezeichnet. „Richtige" Teilchen, die Fermionen, haben einen halbzahligen, „virtuelle" Teilchen, die Bosonen, dagegen einen ganzzahligen Spin. Wieso ist dieser Eigendrehimpuls derartig wichtig?

Weiter oben hatten wir gesagt, dass „richtige" Teilchen Platz beanspruchen. Zwei von ihrer Sorte können nicht zur selben Zeit am selben Ort sein. Das Äquivalent zu dieser anscheinend trivialen Aussage ist in der Nanowelt das Pauli-Prinzip, ein fundamentales Naturgesetz, das nur für Fermionen gilt, nicht aber für Bosonen. Es sagt aus, dass keine zwei „richtigen" Teilchen im gleichen Zustand sein dürfen. Wenn wir annehmen, dass die Bosonen so etwas wie die Quanten der Wellen in der klassischen Physik sind, ist die Aussage nicht überraschend: „Richtige"

Teilchen gehen sich aus dem Weg, Wellen können sich überlagern. So weit so gut. Das Rätselhafte und eigentlich Unheimliche ist, dass die Eigenschaft, um was für ein Teilchen es sich handelt, davon abhängt, was für einen Eigendrehimpuls es aufweist.

Ist es möglich, diesen merkwürdigen Zusammenhang zu verstehen? Vielleicht, aber es stellt eine Herausforderung an unsere Vorstellungskraft dar, in diese uns fremdartige Welt vorzustoßen. Versuchen wir es trotzdem. Teilchen sind einerseits Wirbel der Raumzeit und andererseits Wellen. Diese beiden Aspekte haben wir bereits geklärt. Die räumliche Ausbreitung einer normalen Welle kann man sich noch recht problemlos vorstellen. Das gleiche gilt für einen Wirbel, beispielsweise im Wasser. Ein Objekt, das beide Eigenschaften aufweist, müsste sich folglich im Kreis um einen Mittelpunkt drehen. Ruht das betreffende Teilchen, ist die umlaufende Welle ortsfest und „steht". In der Quantenphysik sind stehende Wellen als Zustände von Elektronen in Atomen wohlbekannt. Sie haben eine dreidimensionale Gestalt, die sich durch mehrere Knoten und Bäuche auszeichnet. Manchen dürfte das Bild noch aus dem Schulunterricht im Gedächtnis sein. Der Drehimpuls legt nun die Anzahl der Knotenebenen fest: Beträgt dieser null, ist ihre Zahl ebenfalls null und die stehende Welle

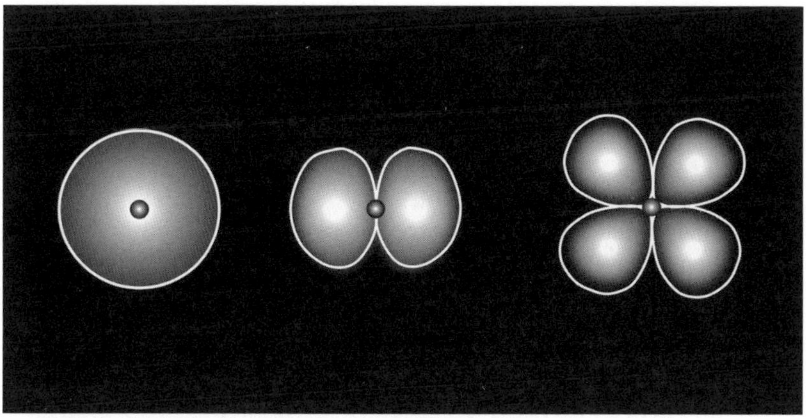

Abb. 11: Beispiele für die Formen von Elektronenorbitalen in Atomen. Sie sind stehende Wellen mit einem bestimmten Bahndrehimpuls, der die Zahl ihrer Knotenebenen bestimmt.

kugelsymmetrisch, für den Drehimpuls eins gibt es eine Knotenebene, für den Drehimpuls zwei entsprechend zwei Knotenebenen und so weiter.

Den Spin von ½, den Fermionen aufweisen, gibt es eigentlich nicht, jedenfalls nicht als normalen Bahndrehimpuls eines quantenmechanischen Teilchens auf einer Umlaufbahn. Man könnte sich das Ganze so vorstellen, dass die Knotenebene nur bei jedem zweiten Umlauf auftritt. Für diese Teilchen gibt es dann keine festen Knoten und Bäuche. Dabei handelt es sich allerdings um nichts weiter als eine Vermutung. Die Symmetrie der Wellenmuster muss zwischen halb- und ganzzahligem Drehimpuls jedenfalls grundsätzlich verschieden sein. Was geschieht nun, wenn sich zwei solche Wellen begegnen? In der klassischen Physik wäre eine konstruktive oder eine destruktive Überlagerung, also gegenseitige Auslöschung, möglich. Letzteres ist aber ausgeschlossen, da es dem übergeordneten Naturgesetz der Energieerhaltung widerspräche. Teilchen mit ganzzahligem Spin entsprechen stehenden Wellen mit definierten Knotenebenen und können sich ungehindert durchdringen; Teilchen mit halbzahligem Spin entsprechen dagegen umlaufenden Wellen ohne feste Knotenebenen. Kommen sich Vertreter dieser zweiten Art nahe, müssen sich diese „richtigen“ Teilchen aus dem Weg gehen, um destruktive Interferenz zu vermeiden. Wäre das nicht der Fall, gäbe es keine feste Materie und die Erde würde zu einem Punkt zusammenschnurren.

Die physikalische korrekte „Erklärung“ ist weniger anschaulich. Sie soll der Vollständigkeit halber trotzdem kurz erwähnt werden. Das Pauli-Prinzip folgt aus einer Symmetrieforderung für Vielteilchen-Wellenfunktionen von Fermionen, die total antisymmetrisch gegenüber Teilchenaustausch sein müssen. Das ist ein Postulat der Quantenmechanik, welches normalerweise nicht weiter begründet wird. Zusätzlich müssen die Teilchen ununterscheidbar sein, was aber eigentlich immer der Fall ist, sofern sie gleichen Typs sind. In den meisten Lehrbüchern wird gar nicht versucht, diese Symmetrieanforderung an die mathematische Beschreibung eines Systems aus Fermionen irgendwie zu erklären. Schon hier bleibt das menschliche Verstehen meist auf der Strecke und nur noch die Mathematik ist in der Lage, die fremdartige Wirklichkeit zu erfassen.

Zusammenfassung: Naturkräfte
Was wissen wir also nach diesem Kapitel? Es gibt insgesamt vier Naturkräfte. Davon sind zwei für unseren Alltag maßgeblich: die Gravitation und die elektromagnetische Wechselwirkung. Erstere hält uns alle einschließlich der Atmosphäre auf der Erdoberfläche fest und die Planeten seit Jahrmillionen auf stabilen Bahnen um ihre Sonnen. Letztere ist hingegen für die Bildung von Atomen, Molekülen und Festkörpern verantwortlich sowie für die Existenz von Licht. Die beiden anderen Naturkräfte treten nur im Atomkern in Erscheinung. Dort sorgt die starke Wechselwirkung für Stabilität und die schwache Wechselwirkung ermöglicht die Umwandlung von Protonen in Neutronen. Ohne sie würden die Sterne erlöschen. Die Frage danach, um was es sich bei einer Kraft eigentlich handelt, ist schwer zu beantworten. Den klassischen Feldbegriff hat die Physik mittlerweile aufgegeben. Nach moderner Ansicht besteht das Gravitationsfeld als eine Zone gekrümmter Raumzeit, während elektrische und magnetische Felder Raumbereiche voller virtueller Photonen sind. Wie die starke und schwache wird auch die elektromagnetische Wechselwirkung durch den Austausch „virtueller" Teilchen vermittelt. Jede Naturkraft hat ihre eigenen Austauschteilchen, nur die Gravitation fällt aus dem Bild. Das tiefere Problem besteht darin, dass die allgemeine Relativitätstheorie nicht zur Quantentheorie passt. Es zu lösen ist eine der größten Herausforderungen der modernen Physik.

## 2.4. Die Naturgesetze

**Wir haben nun** für unser Universum eine Bühne, die Raumzeit, wir haben Akteure, die Elementarteilchen, und wir haben die Kräfte zwischen den Akteuren, die vier Naturkräfte. Was noch fehlt, sind klare Regeln für ihr Verhalten: die Naturgesetze. Niemand glaubt heute mehr, dass man ein Kaninchen aus dem Hut zaubern kann. Es muss vorher schon da gewesen sein, denn Dinge entstehen nicht einfach aus dem Nichts. Der Fachausdruck lautet Objektpermanenz. Sie sind auch dann „da", wenn wir sie gerade nicht sehen können. Weder ist es möglich, dass ihre Existenz pausiert, noch dass sie spontan beginnt oder abrupt aufhört.

Denn in unserem Universum gelten Naturgesetze, die niemals gebrochen werden können. Anders als legislative Beschlüsse oder die Materie der Juristerei sind sie nicht verhandelbar und es gibt auch keine Ausnahmen – sie gelten immer und überall.

Diese letzte Aussage ist keineswegs selbstverständlich. Denn das Universum existiert seit 13,7 Milliarden Jahren. Woher weiß die Physik, dass sich die Naturgesetze nicht über die Zeit verändert haben? Um das zu überprüfen, müsste man immerhin in die Vergangenheit schauen können. Glücklicherweise ist das möglich, zum Beispiel, indem man sehr weit entfernte Objekte mit Teleskopen beobachtet. „Sehr weit“ bedeutet in diesem Zusammenhang, dass das Licht Millionen oder Milliarden Jahre lang unterwegs war, bevor es hier auf der Erde ankommt. Was wir jetzt dort sehen können, ist also bereits Ewigkeiten her. Diese Beobachtungen bestätigen uns, dass die Naturgesetze damals in gleicher Weise galten. Beispielsweise liegen die Spektrallinien der Atome bei genau identischen Wellenlängen. Ähnliches gilt aller Wahrscheinlichkeit nach auch für die Zukunft. Allerdings können wir nicht absolut sicher sein, wenn es um Zeitabschnitte kurz nach dem Urknall oder um Entfernungen bis an die Grenzen der uns zugänglichen Raumkugel geht. Folgendes ist jedenfalls richtig: Es wurden bisher im uns zugänglichen Bereich der Raumzeit keinerlei signifikante Abweichungen von den bekannten Naturgesetzen gefunden. Das Urknallmodell basiert auf der Annahme, dass die Vorgänge kurz nach dem Urknall letztlich festgelegt haben, wie das Universum heute aussieht. Das wurde in Computermodellen auf Basis der Naturgesetze simuliert. Daher setzt die moderne Wissenschaft voraus, dass sie zu allen Zeiten und in allen Bereichen der Raumzeit gelten.

Nicht nur gibt es rein quantitativ viele Naturgesetze, sondern sie bilden auch untereinander eine Hierarchie. Beispiele für diesen zweiten Punkt wären die Newtonschen Kraftgesetze und die Keplerschen Gesetze der Planetenbahnen. Betrachten wir sie nacheinander. Das wichtigste Newtonsche Gesetz ist das Trägheitsgesetz: Ein Körper behält seine Geschwindigkeit bei, wenn keine Kraft – also weder eine bremsende Reibungskraft noch eine beschleunigende Antriebskraft – auf ihn wirkt. Ihm übergeordnet ist das Gesetz von der Erhaltung des Impulses. Erhaltungsgesetzen zufolge vermag sich eine bestimmte Größe über die Zeit hinsichtlich ihrer Erscheinungsform, nicht aber ihres Zahlenwertes zu ändern. Impuls ist das Produkt aus Geschwindigkeit und Masse, umgangssprachlich könnte man ihn auch „Schwung“ nennen. Trifft also beispielsweise eine rollende Billardkugel genau mittig auf eine ruhende, bleibt die erste stehen und die zweite rollt mit genau der gleichen Geschwindigkeit weiter, vorausgesetzt, dass beide identisch schwer sind. Der Impuls wurde in diesem Fall vollständig von der rollenden auf die ruhende Kugel übertragen und der Impuls des Gesamtsystems ist vorher wie nachher unverändert. Alle drei Newtonschen Gesetze der Mechanik sind nur eine Detailausführung des übergeordneten Naturgesetzes von der Erhaltung des Impulses.

Das zweite fundamentale Erhaltungsgesetz ist das von der Erhaltung des Drehimpulses, also dem „Schwung“ in einer Drehung. Ein Beispiel wäre unser Sonnensystem. Hat ein Planet wie die Erde erst einmal begonnen, auf einer Bahn um die Sonne zu kreisen, hört er nicht mehr damit auf, solange er nicht mit einem anderen Himmelsköper kollidiert. Selbst dann gilt aber noch die Drehimpulserhaltung: Sobald sich etwas linksherum dreht, muss sich etwas Anderes mit dem gleichen „Schwung“ rechtsherum drehen. Die Summe der Drehimpulse muss vorher wie nachher identisch sein. Das ist ähnlich wie die lineare Impulserhaltung eine fundamentale Eigenschaft unseres Universums. Die Keplerschen Gesetze zu den Planetenbahnen, welche die Schülerinnen und Schüler im Physikunterricht lernen, sind hier wieder nur die Detailausführungen des übergeordneten Naturgesetzes der Drehimpulserhaltung.

Kommen wir noch einmal zur Zaubervorstellung zurück. Wir sagten bereits, dass in unserem Universum Objektpermanenz gilt – abgesehen von exotischen Ausnahmen wie der Materie-Antimaterie-Erzeugung. Niemand kann buchstäblich ein Kaninchen aus einem Hut zaubern. Denn das vielleicht fundamentalste Naturgesetz in unserem Universum ist das Gesetz von der Erhaltung der Energie. Und aufgrund der Äquivalenz von Energie und Masse gilt entsprechend auch die Massenerhaltung. Es ist zwar denkbar, die Masse eines Kaninchens aus purer Energie zu erzeugen, aber dazu wären rund 25 Milliarden Kilowattstunden notwendig. Außerdem müsste im selben Moment ein Antikaninchen aus Antimaterie entstehen.

Energie kann also weder erzeugt noch vernichtet, sondern lediglich von einer Form in eine andere umgewandelt werden. Die berühmte Formel von Albert Einstein $E=mc^2$ bedeutet, dass Energie *(E)* gleich Masse *(m)* ist, umgerechnet mit einem Korrekturfaktor, der Lichtgeschwindigkeit *(c)* zum Quadrat. Demzufolge kann sich Energie in Masse umwandeln und umgekehrt. Das fundamentalste Naturgesetz, der Erhaltungssatz, gilt für die Summe aus beiden. Da aber unter den Bedingungen auf der Erde in der Regel keine Umwandlung stattfindet, gilt er auch für die Erhaltung der Energie alleine. Eine Ausnahme bildet die Atombombe, bei deren Explosion tatsächlich ein winziger Bruchteil ihrer Masse mit katastrophalem Resultat in Energie umgewandelt wird. Dieses Beispiel illustriert die ungeheure Energie, die in der Masse steckt, aber normalerweise ist es so gut wie unmöglich, diese Konversion herbeizuführen.

Hier könnte man sich wieder fragen: Was ist die Ursache für diese Phänomene? Warum bleibt die Energie erhalten? Fänden wir eine Antwort darauf, würde als nächstes die Frage nach deren Ursache kommen. Wir könnten vermutlich nie aufhören. Glücklicherweise kennen wir dank der Mathematikerin Emmy Noether zumindest die Begründung für die drei großen Erhaltungssätze der Energie, des Impulses und des Drehimpulses. Sie stellte ein später nach ihr benanntes Theorem auf, demzufolge diese auf grundlegende Symmetrien in der Natur zurückzuführen sind. Betrachten wir sie kurz, in vollem Bewusstsein, dass eine umfassende Darstellung den Rahmen des Buches sprengen würde. Die relevante Symmetrie im Falle der Energieerhaltung ist die „Homogenität der Zeit“, der zufolge kein individueller Zeitpunkt im Gefüge der Raumzeit gegenüber einem anderen heraussticht – sie sind alle gleichberechtigt. Den Zusammenhang genauer zu verstehen, erfordert selbst mit dem entsprechenden Vorwissen noch einiges an Denkarbeit, weshalb wir es bei dieser stark verkürzten Form bewenden lassen. Dieses Prinzip gilt auch für den Impuls, dessen Erhaltungssatz durch die „Homogenität des Raums“ bewirkt wird. Ähnlich wie bei der Zeit, sind ebenso alle Raumpunkte im Universum gleichberechtigt und kein einzelner über den anderen erhaben. Schließlich ist die Drehimpulserhaltung mit der Gleichförmigkeit der Raumrichtungen verknüpft. Wir kennen das Muster nun: Es gibt im Universum keine Richtung, die gegenüber einer anderen in irgendeiner Weise heraussticht. Diese „Isotropie des Raumes" begründet die Drehimpulserhaltung.

Mit dem Noether-Theorem sind wir bei der Erkundung der Welt eine Schicht tiefer in das Gewebe der Wirklichkeit eingedrungen: Wir kennen immerhin den Grund für diese drei absolut fundamentalen Naturgesetze. Natürlich könnten wir in der nächsten Stufe fragen, warum Zeit und Raum homogen oder isotrop sind. Aber das überlassen wir vielleicht späteren Generationen. Diese Erkenntnisse tragen uns schon ziemlich weit.

Es gibt noch mehr Symmetrien im Universum und folglich auch mehr Erhaltungssätze, wie zum Beispiel der Teilchenzahl, der elektrischen Ladung und der Parität. Letztere ist die Symmetrie gegenüber einer Raumspiegelung. Anschaulich bedeutet das, dass sich die Physik nicht verändert, wenn zum Beispiel rechts und links vertauscht werden. Sie gilt nicht immer, aber in den meisten Fällen. Die Summe der elektrischen Ladung in einem isolierten System muss ebenfalls zeitlich konstant bleiben. Schließlich haben wir bereits gesehen, dass es möglich ist, im Vakuum Teilchen aus purer Energie zu erzeugen. Aufgrund des Erhaltungssatzes müssen sie jedoch stets in Paaren entstehen. Deshalb wird im Falle eines negativ geladenen Elektrons auch gleichzeitig ein positiv geladenes Anti-Elektron, ein Positron, erzeugt. Da Antiteilchen negativ zählen, bleibt die Teilchenzahl erhalten. Damit haben wir bisher sechs Erhaltungssätze plus Einsteins Satz der Äquivalenz von Masse und Energie als Naturgesetze identifiziert.

Das Spezielle ist eine Konsequenz des Fundamentalen. So leiten sich die Newtonschen Gesetze aus der Impulserhaltung und die Keplerschen Gesetze aus der Drehimpulserhaltung ab. In diesem Buch beschränken wir uns auf die Darstellung der Gesetze an der Spitze dieser Hierarchie, zu denen auch die Kausalität gehört. In der Relativitätstheorie wird Zeit relativ. Demzufolge wäre es unter Umständen denkbar, dass Ursachen auf ihre Wirkungen folgen, statt umgekehrt. Das geschieht aber in unserem Universum – jedenfalls nach unseren bisherigen Erkenntnissen – nicht. Die Kausalität, also die richtige Abfolge von Ursache und Wirkung, ist in jedem Fall gewährleistet. Bei ihr handelt es sich entsprechend ebenfalls um ein Naturgesetz, das vermutlich mit dem Wesen der Zeit zu tun hat. Daraus folgt auch, dass Zeitreisen in die Vergangenheit nicht möglich sind, da sie die Kausalität verletzen würden. Zeitreisen in die Zukunft gestalten sich dagegen zumindest in der Theorie unproblematisch. Man kann nur nicht wieder zurück.

Ein weiteres fundamentales Naturgesetz betrifft die Zeit selbst. Wir haben es bereits kennengelernt: Es ist das Gesetz von der Zunahme der Entropie. In einem isolierten System, das also weder Materie noch Energie mit der Umgebung austauscht, kann die Entropie nur konstant bleiben oder zunehmen, sich aber nie verringern. Sie gibt der Zeit eine Richtung und es ist möglich, dass die Expansion des Universums und seine damit verbundene Abkühlung die tiefere Ursache dieses universellen Zeitflusses darstellt. Im Universum nimmt die Entropie ständig zu. Wir haben diesen Prozess weiter oben bereits an einem einfachen Beispiel diskutiert, wollen ihn hier aber anhand von Abbildung 12 nochmals genauer erklären.

Das Bild zeigt fünf Gas-Atome in einer zweidimensionalen, digitalisierten Welt. Es gibt nur eine diskrete, also abzählbare Anzahl von Punkten, an denen sie sich aufhalten können. Die Teilchen haben eine bestimmte Temperatur und bewegen sich daher in zufälligen Sprüngen auf dem Gitter umher. Zu Beginn des Gedankenexperiments befinden sie sich in der kleinen Fläche, dem zweidimensionalen Äquivalent einer Gasflasche, rechts unten in der Ecke. Nehmen wir weiterhin an, dass die Zeit ebenfalls digitalisiert ist und die fünf Teilchen in jedem Zeitschritt zufällig auf einem der hundert Gitterpunkte verteilt werden. Da es entsprechend 100 Möglichkeiten gibt, ein einzelnes Atom in der kleinen Fläche zu platzieren, gibt es $100 \times 100$ Möglichkeiten für zwei Atome und $100 \times 100 \times 100 \times 100 \times 100$ also $10^{10}$ oder 10 Milliarden Möglichkeiten für fünf Atome. Das ist eine ganze Menge. Wenn wir die gleiche Überlegung für die große Fläche mit 5.000 Positionen durchführen, kommen wir für eine zufällige Anordnung der fünf Atome auf insgesamt $5 \times 10^{15}$ – also eine Zahl mit 15 Nullen – Möglichkeiten. Im Prinzip ist es in jedem Zeitschritt der großen Fläche denkbar, dass sich alle fünf Atome wieder zufällig gemeinsam in der kleinen Fläche wiederfinden. Das wäre so, als strömte ein Gas, das aus einer Flasche entweicht, von selbst wieder in diese hinein. Dieser hypothetische Vorgang ist mit allen Naturgesetzen kohärent, mit einer Ausnahme: Er verstößt gegen die stetige Zunahme der Entropie, bei der die Wahrscheinlichkeit eines Prozesses eine zentrale Rolle spielt. Unser Beispielfall ist hypothetisch zwar nicht ausgeschlossen, aber in der Realität extrem unwahrscheinlich.

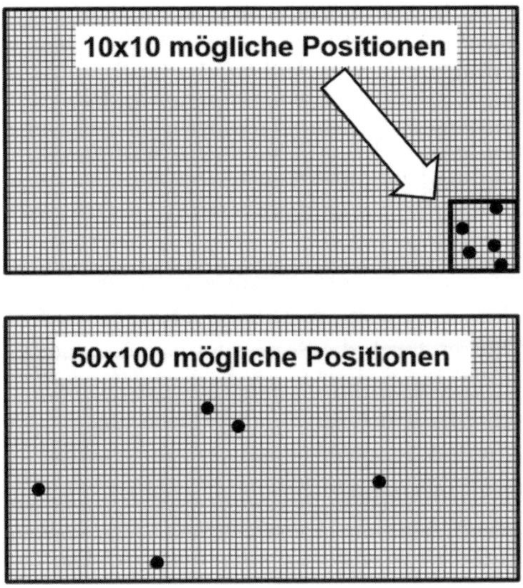


Abb. 12: Fünf Gas-Atome werden in jedem Zeitschritt neu über die Schnittpunkte eines zweidimensionalen Gitters verteilt. Auf der Teilfläche im oberen Bild gibt es $10^{10}$ mögliche Anordnungen, insgesamt $5 \times 10^{15}$. Dass sich alle fünf Atome dann in einem Zeitschritt zufällig wieder in der kleinen Fläche befinden, hat eine Wahrscheinlichkeit von 1:500.000.

Wie bereits erläutert, gibt es für fünf Atome $10^{10}$ Möglichkeiten, sie auf der kleinen und $5 \times 10^{15}$ Möglichkeiten, sie auf der großen Fläche zu verteilen. Dann befinden sich nur in einem von 500 000 Zeitschritten alle fünf Teilchen gleichzeitig in der Teilfläche. Dauert jeder solche Schritt eine Sekunde, würden sich die fünf Atome ungefähr alle fünf Monate wieder zufällig für einen kurzen Augenblick dort versammeln. Wiederholen wir den Prozess mit zehn Teilchen, geschieht dies nur alle 38 000 Jahre. Bei zwanzig Atomen dauert es das achtzigfache des Alters des Universums. Die Wahrscheinlichkeit wird mit jedem zusätzlichen Teilchen, das wir hinzunehmen, exponentiell kleiner. In der Realität haben wir es mit der ungeheuren Zahl von $10^{23}$ Atomen in einer typischen Gasflasche zu tun – es ist nicht verwegen zu behaupten, dass sie niemals alle wieder dorthin zurückströmen werden. Die Zunahme der Entropie beschreibt also die Entwicklung eines Systems aus vielen Teilchen hin zu immer wahrscheinlicheren Zuständen. Eventuell liegt hier auch das Wesen der Zeit selbst verborgen, denn diese Entwicklung gibt ihr eine Richtung, obwohl es sich dabei um eine reine Zufallsbetrachtung handelt.

In der Physik heißt dieses Naturgesetz „Zweiter Hauptsatz der Thermodynamik". Natürlich kann man in das System der fünf Atome eingreifen und sie mit etwas Aufwand wieder in die Gasflasche stecken. Aber dann ist es aufgrund der äußeren Energiezufuhr nicht mehr abgeschlossen. Mit Energie lässt sich die für ein Gesamtsystem unausweichliche Zunahme der Entropie lokal umkehren und Ordnung erzeugen. So ist das Leben auf der Erde entstanden. Nur mit Aufwand von außen konnte der enorm hohe Grad an Ordnung, den organische Systeme voraussetzen, zustande kommen. In unserem Fall stammt die notwendige Energie von der permanenten Bestrahlung durch die Sonne. Sie ermöglichte die lokale Umkehrung des Naturgesetzes von der steten Erhöhung der Entropie. Ordnung lässt sich mit Energie erkaufen.

Eine weitere fundamentale Klasse von Naturgesetzen sind die Kraftgesetze. Zwei stechen unter ihnen besonders hervor: Das Newtonsche Gravitationsgesetz und das Coulombsche Gesetz. In beiden Fällen geht es um die Kraftwirkung zwischen zwei Körpern und in beiden Fällen nimmt diese quadratisch mit der Entfernung ab. Die Abstandsabhängigkeit ist also die gleiche, obwohl sich die Erklärung, wie die beiden Kräfte genau wirken, drastisch unterscheidet: Bei Newton liegt die Krümmung der Raumzeit der Kraftwirkung zugrunde, bei Coulomb der Austausch von virtuellen Kraftpartikeln. Es gibt eine tiefere Ursache für diese Ähnlichkeit, nämlich die Dreidimensionalität des Raums.

Die gleiche Abstandsabhängigkeit findet sich auch bei der Abnahme der Helligkeit einer Lampe, je weiter man sich von ihr entfernt. Hier basiert die Erklärung auf dem Erhaltungssatz der Energie oder besser gesagt des Energieflusses. Nehmen wir an, es handle sich bei der Lampe um eine Punktlichtquelle, die Lichtteilchen in alle Richtungen verströmt. Weiterhin sei die Gesamtmenge der Photonen, die pro Sekunde ausgestrahlt werden, konstant. Durch eine imaginäre Sphäre mit der Lampe im Zentrum fließen unabhängig von ihrem Durchmesser in jedem

Zeitintervall immer gleich viele Lichtteilchen. Aus dem Geometrie-Unterricht dürfte bekannt sein, dass die Oberfläche einer Kugel mit dem Quadrat des Radius wächst: Eine Verdopplung des Radius entspricht einer Vervierfachung der Fläche. Dieselbe Anzahl Photonen pro Sekunde muss sich also auf eine immer größere Fläche verteilen. Da letztere quadratisch wächst, sinkt folglich die Lichtintensität auf der Kugel quadratisch mit dem Abstand von der Lampe. Ähnliches gilt für Schallwellen. Mit wachsender Distanz zu einer Geräuschquelle nimmt ihre Intensität quadratisch ab. Dieser Effekt lässt sich auch bei der elektrostatischen Abstoßung zwischen zwei gleichnamigen Ladungen und der Gravitationskraft zwischen zwei Massen beobachten. Die quadratische Abnahme ist im dreidimensionalen Raum universell. Dieser Aspekt der Kraftgesetze liegt ebenfalls in den Eigenschaften der Raumzeit begründet.

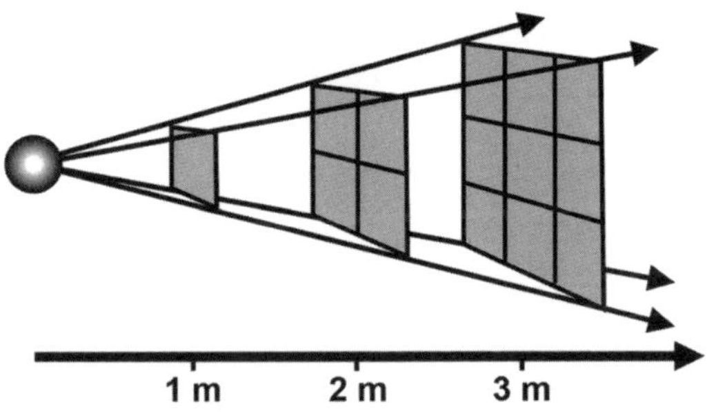


Abb. 13: Die Helligkeit auf einer von einer punktförmigen Lichtquelle beleuchteten Fläche sinkt mit dem Quadrat der Entfernung. Kraftgesetze gehorchen einem ähnlichen Abstandsgesetz, das allgemein für dreidimensionale Räume gilt.

Über die basalen Gesetze hinaus gibt es die großen Theoriegebäude der Physik, die jeweils für bestimmte Teilgebiete der Wirklichkeit gelten und ganze Netzwerke von Naturgesetzen umfassen. Ihr Ziel ist es zunächst einmal, eine mathematisch korrekte Beschreibung des Verhaltens der Natur zu liefern, da sie sich offenbar an strenge Regeln hält. Auch wenn uns diese manchmal sehr fremd vorkommen, vermag die Wissenschaft stets, sie in Zahlen und Formeln zu gießen. Die Mathematik dient ihr als universelles Werkzeug, das jede beliebige Wirklichkeit beschreiben kann. Damit ähnelt sie den Filmemachern in Hollywood, die sich wild aussehende Aliens einfallen lassen, für die lästige Naturgesetze wie die Energieerhaltung nicht gelten. Die Mathematik ist ebenso in der Lage, beliebig absurde Universen zu ersinnen. In der Physik kommt es dann darauf an, aus der Vielzahl möglicher Beschreibungen diejenige auszuwählen, welche die tatsächlichen Naturgesetze korrekt repräsentiert. Es geht um die Suche nach der richtigen Formel. Der Vorteil dieser Methode besteht darin, dass wir mit ihr auch Teile der Wirklichkeit mathematisch erfassen können, bei denen wir sonst keine Chance hätten, die Natur zu „verstehen". Während also der gesunde Menschenverstand schon längst auf der Strecke geblieben ist, funktioniert die Mathematik auch in den exotischen Bereichen der Realität hervorragend. Die Formeln sagen akkurat das Verhalten der Natur voraus, selbst wenn es noch so seltsam sein mag.

Im Folgenden werden die beiden großen Theoriegebäude der Physik skizziert. Wir hatten vorher bereits mehrfach auf sie hingedeutet, sind dabei aber nur auf einzelne Aspekte zu sprechen gekommen. Eine tiefergehende Beschreibung würde jeweils ein ganzes Lehrbuch erfordern, ist jedoch für unsere Zwecke nicht nötig. Wir konzentrieren uns stattdessen auf die grundlegenden Zusammenhänge und versuchen dabei so anschaulich wie möglich zu bleiben.

**Die Quantentheorie**

Unser gesunder Menschenverstand funktioniert gut auf Größen- und Zeitskalen, die uns kognitiv zugänglich sind. Außerhalb dieser vertrauten Zone gelten fremde Naturgesetze, die wir noch nicht einmal dann intellektuell vollständig erfassen können, wenn uns ihre mathematischen Formeln bekannt sind. Die Quantentheorie ist ein solcher Fall. Sie beschreibt das Verhalten der Natur im Nanometerbereich, dem Gebiet der Nanotechnologie, wo die Welt „quantisiert", also in einzelne Päckchen aufgeteilt ist. Innerhalb unserer Lebensrealität fällt das nicht auf, denn diese Einheiten sind winzig klein. Es ist wie bei einem Flachbildschirm: Das Bild sieht der Wirklichkeit täuschend ähnlich, doch sobald man genauer hinschaut, werden die Pixel erkennbar. Je kleiner diese sind, umso mehr von ihnen sind nötig, um etwas darzustellen. Dabei verbessert sich gleichzeitig die Wiedergabequalität. Das ist die Idee von „High Definition".

Mit steigender Pixelzahl wird die Darstellung immer realitätsgetreuer.

Pixelung bedeutet bei einem digitalen Bild, dass man zunächst unter Zuhilfenahme einer Lupe oder eines Mikroskops immer feinere Details entdecken kann. Aber ab einer bestimmten Zoomstufe ist Schluss: Man sieht nur noch einzelne Pixel, also rote, blaue oder grüne Punkte und eine weitere Vergrößerung führt zu keinen neuen Einsichten. Genau das ist auch in unserer Wirklichkeit der Fall: ab einer gewissen Betrachtungsebene kommt keine neue Information mehr hinzu. Diese Pixelanalogie vereinfacht die Erkenntnisse der Quantenphysik natürlich erheblich, ist aber ein guter Einstieg in eine ansonsten anspruchsvolle und uns sehr fremde Welt.

Ähnlich wie bei einem Digitalbildschirm gibt es ein Maß für die Auflösung. Wie groß sind die Pixel unserer Realität? Die Antwort auf diese Frage liefert uns die fundamentale Naturkonstante der Quantentheorie. Sie wird Plancksches Wirkungsquantum genannt und mit dem Buchstaben *h* abgekürzt. Ihr Wert beträgt $6{,}626 \times 10^{-34}$ Joule pro Sekunde, eine winzige Zahl mit 33 Nullen hinter dem Komma. Daraus folgt, dass die Auflösung der Wirklichkeit enorm hoch ist und die Bildpunkte erst auffallen, wenn wir ganz genau hinschauen.

Dazu ein Beispiel: Die Amplitude, mit der ein mechanisches Pendel schwingt, ist im oben beschriebenen Sinn gepixelt. Das heißt, dass seine Auslenkung nicht kontinuierlich eingestellt werden kann, sondern nur in Vielfachen eines Quants; ähnlich wie bei manchen Lautstärkereglern oder Kochplatten, die nur Schritte von null bis zehn erlauben. Krumme Werte dazwischen sind nicht möglich. Nun ist die Auslenkung eines mechanischen Pendels oder, um es präziser auszudrücken, die in der Pendelbewegung gespeicherte Energie, quantisiert. Die Größe der Energiequanten bestimmt das Plancksche Wirkungsquantum und berechnet sich aus Formel $E=h \times f$, wobei $f$ für die Schwingungsfrequenz des Pendels, gemessen in Hertz, steht. Bei dieser Gleichung handelt es sich um eines der fundamentalen Naturgesetze der Quantenphysik. Ist die Frequenz gering, sind die Quanten folglich winzig und die Pixelung der Schwingungsamplitude fällt nicht weiter auf.

Das gilt nicht bei Pendeln im Nanometerbereich: Dort wird die Quantisierung wichtig, da die Energien, mit denen nanometergroße Pendel schwingen, ebenfalls sehr klein sind. Ein Beispiel sind Moleküle. Wasser mit dem Formelzeichen $H_2O$ besteht aus zwei Wasserstoff- und einem Sauerstoffatom. Die chemischen Bindungen, welche diese Teilchen zusammenhalten, verhalten sich wie Federn, an denen das Molekül wie ein Pendel schwingen oder sich drehen kann. Beide Bewegungen sind quantisiert, was bedeutet, dass nur diskrete Werte der Energie etwa in der Rotation möglich sind. Das ist eine Konsequenz der allgemeinen Aufteilung des Drehimpulses in Vielfache eines Minimums. Diese Naturkonstante hat den Wert $\hbar = h/2\pi$. Schlüsseln wir sie etwas weiter auf: Der Bahndrehimpuls in der Natur $\hbar$ („h quer", wir erinnern uns) ist quantisiert in Vielfache des Planckschen Wirkungsquantums $h$ geteilt durch $2\pi$. Das hat konkrete Folgen für unseren Alltag, denn die Schwingungen und Rotationen, zu denen Moleküle wie $H_2O$ oder $CO_2$ fähig sind, bestimmen zum Beispiel den Beitrag dieser Gase zum Treibhauseffekt.

Die Quanten sind im Vergleich zu unserer makroskopischen Welt zu klein, um sie zu bemerken; ganz so wie uns ein digitaler Regler mit einer feinen Schrittweite kontinuierlich vorkommen mag. Aber das liegt nur an unserer begrenzten Wahrnehmung. Tatsächlich ist die Wirklichkeit in vielen Aspekten gepixelt. Modellvorstellungen, die eine Vereinigung von Quantentheorie und Gravitation anstreben, wie die Stringtheorie oder die Schleifenquantengravitation, die wir beide bereits kurz angeschnitten haben, gehen sogar von einer Quantisierung des Raums und der Zeit aus. Wir kommen in Kapitel 4 wieder auf sie zurück.

Ein weiteres Beispiel für die Pixelung der Welt sind die Photonen. Lichtstrahlen erscheinen uns kontinuierlich und im Schulunterricht lernen wir, dass es sich bei ihnen um Wellen handelt. Der experimentelle Beweis ist das Phänomen der Interferenz. Zwei Wellen können einander auslöschen, wenn sie genau entgegengesetzt schwingen. Das ist mit Teilchen nicht vorstellbar: Ein Teilchenstrahl plus noch ein Teilchenstrahl sollte doppelt so viele Teilchen ergeben, die auf den Detektor prasseln. Das Phänomen der Interferenz beweist, dass es sich also bei Licht um eine Welle handeln muss. Das war jedenfalls die Überzeugung der klassischen Physik. Mit modernen Detektoren lassen sich auch Lichtstrahlen sehr niedriger Intensität vermessen. Schlagen diese an, ticken sie wie ein Geigerzähler für Radioaktivität, umso schneller, je intensiver das Licht ist, bis die Einzelgeräusche schließlich in ein kontinuierliches Summen übergehen. Dieses besteht immer noch aus den Signalen einzelner Photonen, die auf den Detektor treffen, nur eben so vielen, dass sie wie eine kontinuierliche Welle wirken. Die Energie der Lichtquanten bestimmt ebenfalls das Plancksche Wirkungsquantum. Man benutzt die gleiche Formel wie beim mechanischen Pendel, mit dem Unterschied, dass hier mit $f$ die Frequenz des Lichts gemeint ist.

Wenn ein Lichtstrahl aus Teilchen, den Photonen, besteht, wie kann es dann zur Interferenz kommen? Mit dieser Frage betreten wir endgültig den rätselhaften Bereich der Quantenwelt. Ein Strahl kann dem klassischen Verständnis zufolge entweder aus Teilchen bestehen oder eine Welle sein, aber beides geht eigentlich nicht. In der Nanowelt entdecken wir jedoch sowohl bei Licht- als auch bei Teilchenstrahlen beide Phänomene: Sie bestehen nachweislich aus beispielsweise Photonen oder Elektronen und zeigen trotzdem Interferenz. Im Falle von Teilchenstrahlen spricht man deshalb konkret von Materieinterferenz. Inzwischen konnte diese für eine Vielzahl von Objekten nachgewiesen werden. Aber je mehr Masse die untersuchten Teilchen haben, umso schwieriger gestalten sich die Experimente, weil die Pixelung dann so feinkörnig wird, dass sie beispielsweise bei Makromolekülen oder Proteinen kaum noch messbar ist. Den Wellencharakter von „richtigen" Teilchen, also zum Beispiel Elektronen, Atomen, Molekülen oder Staubteilchen, legt die de-Broglie-Wellenlänge fest, die jedem Objekt, abhängig von seiner Masse und seiner Geschwindigkeit, eine Wellenlänge zuordnet. Die Formel dafür lautet $\lambda = h / p\lambda$, wobei $p$ der Impuls ist, der sich seinerseits aus dem Produkt von Masse und Geschwindigkeit errechnet. Auch bei dieser Gleichung handelt es sich um ein Naturgesetz der Quantentheorie. Die Wellenlänge wird für schwere Partikel extrem klein und das macht Experimente zur Materieinterferenz äußerst schwierig. Größere Objekte verhalten sich immer mehr so, wie wir es erwarten würden. Sie zeigen praktisch keine Interferenz mehr.

In der Physik bezeichnet man dieses Verhalten als Welle-Teilchen-Dualismus: Strahlen aus „richtigen" Teilchen wie Elektronen haben Welleneigenschaften und Wellen wie Licht bestehen aus Teilchen, die eine bestimmte Energie, einen Impuls und einen

Drehimpuls aufweisen. Die althergebrachte Unterscheidung zwischen Wellen und Teilchen gilt in der Nanowelt nicht mehr. Wie bereits erwähnt, sah man sich stattdessen gezwungen, die abstrakte Unterteilung in Fermionen und Bosonen einführen, um ihrer merkwürdigen Realität gerecht zu werden.

Wir müssen also jedem Teilchen die Eigenschaften einer Welle zubilligen. Je leichter es ist und je langsamer es sich bewegt, umso stärker sind diese ausgeprägt. Das bestimmt die Naturkonstante *h*. Der Wellencharakter lässt das Teilchen verschwimmen. Dabei handelt es sich weder um ein Problem mangelnder Messgenauigkeit, noch um eine dröge Metapher: Es wird buchstäblich zu einer Welle. Auch bei einer Woge im Meer kann man nicht genau sagen, wo sie sich befindet, weil sie ihrem Wesen nach ausgedehnt ist. Das steht im Gegensatz zu einem klassischen Teilchen, das sich nach unserer Vorstellung zu jedem Zeit- an genau einem Raumpunkt befinden muss. Interferenzexperimente an Elektronen wie zum Beispiel das berühmte Doppelspaltexperiment, dem wir in Kapitel 5 einen eigenen Abschnitt widmen werden, lassen sich aber nur unter der Annahme erklären, dass diese gleichzeitig an mehreren Orten „existieren".

Die Quantenphysik basiert auf dem Begriff der Wahrscheinlichkeitswellen, einem mathematischen Konstrukt, das den Wellencharakter von Teilchen erfasst. Wird eine Messung zur Ortsbestimmung durchgeführt, kann die Theorie nur eine Wahrscheinlichkeit dafür angeben, das Teilchen an einer bestimmten Position anzutreffen. Ähnlich wie bei elektromagnetischen Wellen, deren Eigenschaften die Maxwell-Gleichungen beschreiben, gibt es auch für ihre quantenmechanischen Pendants eine Formel, die Schrödingergleichung, welche die Regularitäten, die das Verhalten dieser Wellen kontrollieren, in eine mathematische Formel gießt. Deshalb bildet sie das zentrale Naturgesetz der Quantentheorie. Daneben sind noch die Unschärferelationen, denen zufolge Messgrößen nicht beliebig präzise bestimmt werden können, sowie die bereits dargelegte Quantisierung des Drehimpulses von Bedeutung. Insgesamt haben wir eine perfekte mathematisch-physikalische Modellvorstellung für die Nanowelt, aber das Verständnis bleibt auf der Strecke. Sie ist zu fremd.

### Die Relativitätstheorie

Je weiter wir uns von unserer gewohnten Umwelt entfernen, desto unverständlicher erscheinen uns die Naturgesetze. Befanden wir uns eben noch in der Sphäre der winzigen Quanten, geht es nun in die Weiten des Kosmos hinaus, wo hohe Geschwindigkeiten, gigantische Entfernungen und mächtige Gravitationsfelder eine Rolle spielen. Auch hier herrschen Naturgesetze, die wir mit unserem gesunden Menschenverstand nicht mehr erfassen können, und ein aufwändiges mathematisch-physikalisches Theoriegebäude, dessen Vorhersagen, so seltsam sie anmuten mögen, immer wieder in Experimenten überprüft und für richtig befunden wurden. Gemeint sind die allgemeine und die spezielle Relativitätstheorie. Die eine sagt vorher, dass in sehr starken Gravitationsfeldern, wie sie zum Beispiel in der Nähe von Schwarzen Löchern existieren, die Zeit langsamer läuft und an deren Rand sogar stehen bleibt, die andere, dass Raumfahrer, die in einer lichtschnellen Rakete reisen, kaum gealtert zurückkehren.

Bei beiden Theorien handelt es sich um mathematische Beschreibungen von Naturgesetzen, die vor allem auf kosmischen Skalen relevant sind. Sie gelten natürlich auch in unserem Alltag, nur dass sie dort nicht besonders ins Gewicht fallen. Der speziellen Relativitätstheorie zufolge vergeht in bewegten Objekten die Zeit langsamer. Das Phänomen wird Zeitdilatation genannt und wir haben sie weiter oben bereits kennengelernt. Sie kommt fast immer in Kombination mit der Längenkontraktion vor, die ebenfalls bekannt sein dürfte. Aus einem beschleunigten Objekt heraus gesehen schrumpft der Raum in Bewegungsrichtung. Das muss auch so sein, denn für Beobachter in einem ruhenden System wie der Erde vergeht die Zeit in einer schnellen Rakete langsamer. Für die Raumfahrer in ihrem Inneren verstreichen dagegen nur wenige Wochen, bis sie an ihrem Ziel in einigen Lichtjahren Entfernung angekommen sind, aber nicht, weil die Zeit für sie subjektiv langsamer läuft. Wir altern nicht langsamer in einer Rakete, sondern immer genauso schnell wie es unsere Biologie festgelegt hat. Die Eigenzeit, die wir selber empfinden, bleibt immer gleich.

Trotzdem legen die Raumfahrer in wenigen Wochen enorme Distanzen zurück. Sind sie also schneller als das Licht unterwegs? Das wäre in unserem Universum unter keinen Umständen möglich, da dies eine Reise rückwärts in der Zeit bedeuten und gegen die Kausalität verstoßen würde. Was tatsächlich aus Sicht der Insassen der Rakete geschieht, ist die Längenkontraktion. Durch die hohe Geschwindigkeit zieht sich der Raum in Bewegungsrichtung zusammen. Das Ziel kommt mehr auf die Rakete zu, je schneller sie wird. Beide Effekte, Zeitdilatation und Längenkontraktion, sind real. Die Zeit vergeht wirklich von der Erde aus gesehen langsamer und die Entfernung schrumpft wirklich von der Rakete aus gesehen zusammen. Nach der speziellen Relativitätstheorie verzerrt sich die Raumzeit als eine vierdimensionale Einheit bei hohen Geschwindigkeiten immer stärker, bis schließlich beim Erreichen der Lichtgeschwindigkeit die Zeit stehen bleibt und der Raum zu einem Nichts zusammenschrumpft.

Hier stellt sich eine interessante Frage, die eng mit der Energieerhaltung zusammenhängt. Beschleunigt ein Objekt durch eine Kraft – also einen Antrieb – zunehmend, nähert sich seine Geschwindigkeit immer langsamer der Lichtgeschwindigkeit an, erreicht diese aber nie. So weit, so klar. Doch wo bleibt die Energie, die von der Antriebskraft in das Objekt gepumpt wird? Wir haben bereits gesehen, dass sie nicht einfach verschwinden kann. Die Antwort: Sie wandelt sich nach Einsteins berühmter Formel in Masse um. Das Objekt wird nicht mehr schneller, dafür aber schwerer.

Die Physikerinnen und Physiker haben diese Effekte in unzähligen Experimenten überprüft und die theoretischen Vorhersagen immer wieder für richtig befunden. Man hat beispielsweise Atomuhren in Flugzeuge gesteckt, die während des raschen Fluges langsamer gingen, und Elektronen auf Kreisbahnen beschleunigt, bis sie nicht mehr schneller, sondern stattdessen schwerer wurden. Phänomene wie diese haben etwas mit den Grundeigenschaften der Raumzeit zu tun und damit, was ein Objekt, also zum Beispiel ein Elementarteilchen, seiner Natur nach eigentlich ist. Als Bestandteil der Raumzeit kann es sich in ihr offenbar nicht schneller als mit Lichtgeschwindigkeit bewegen. Interessanterweise gilt das nicht nur für Teilchen jeglicher Art, sondern auch für Information. Das hat ebenfalls wieder mit der Kausalität zu tun, denn eine überlichtschnelle Informationsübertragung würde diese verletzen. Wir halten fest, dass es ein

Gewebe von Naturgesetzen gibt, das schnelle Bewegungen in der Raumzeit kontrolliert.

Die „Version 2.0“ der speziellen heißt allgemeine Relativitätstheorie und beschreibt die Verzerrung der Raumzeit durch eine Masse, also eine Verlangsamung der Zeit und eine Kontraktion des Raums. Auch hier gilt wieder, dass dieser Effekt relativ, das heißt nur von außen beobachtbar ist. Nehmen wir zum Beispiel einen Neutronenstern, auf dessen Oberfläche eine milliardenfach stärkere Gravitation herrscht als auf der Erde. Abgesehen von der gewaltigen, lebensfeindlichen Schwerkraft erscheinen aus der Perspektive eines hypothetischen Astronauten weder Naturgesetze noch Zeit in irgendeiner Weise anormal. Aus dem Weltall betrachtet verlaufen die Vorgänge auf dem Neutronenstern allerdings in Zeitlupe. Umgekehrt kommt es dem Raumfahrer so vor, als spielte sich das Universum außerhalb in rasanter Geschwindigkeit ab. Die Effekte der Gravitation auf die Zeit und den Raum verhalten sich also ähnlich wie im Fall der speziellen Relativitätstheorie, mit dem Unterschied, dass die Ursache jetzt keine schnelle Bewegung, sondern eine große Masse ist.

### Zusammenfassung: Naturgesetze

**Es ist ein Phänomen für sich, dass sich die Natur nach Gesetzen richtet. Viele Geschehnisse sind exakt vorhersehbar und laufen unter den gleichen Bedingungen wieder und wieder genau gleich ab. In der Quantentheorie kommt ein Element des Zufalls hinzu, aber immerhin lassen sich die Wahrscheinlichkeiten genau beziffern. Unser gesunder Menschenverstand basiert auf den Naturgesetzen der klassischen Physik, die uns in der Vergangenheit zur Entwicklung der Dampfmaschine und des Radios befähigt haben. In den Bereichen der Wirklichkeit, die nicht zu unserem eigentlichen Lebensraum gehören, gelten andere Regularitäten, die anscheinend immer fremdartiger werden, je weiter sie von unserer Alltagswelt entfernt liegen. Die Mathematik als Werkzeug hat keine Mühe, auch exotische Naturgesetze zu erfassen. Sie erlaubt uns deren Handhabung in Abwesenheit eines fundamentalen, bewussten Verstehens. Das gilt in gleicher Weise sowohl für die Quantentheorie, also die Welt des ganz Kleinen, als auch für die Relativitätstheorie, die auf kosmischen Skalen eine Rolle spielt. Es stellt**

sich außerdem die Frage, ob es noch weiter von unserer Kognition entfernte Bereiche der Wirklichkeit gibt. Sind sie uns überhaupt zugänglich und falls ja, in welcher Weise? Hinweise auf ihre Existenz gibt es tatsächlich. Dazu später mehr.

| Grundlegende Gesetze | Detailgesetze |
| --- | --- |
| Erhaltungssätze | Keplersche Gesetze |
| ... der Energie | Newtonsche Axiome |
| ... des Impulses | Hauptsätze der Thermodynamik |
| ... des Drehimpulses | Maxwell-Gleichungen |
| ... der Ladung | Bernoulli-Gleichung |
| ... der Parität | Navier-Stokes-Gleichungen |
| ... der Teilchenzahl | Gasgesetze |
| Zeitumkehrinvarianz | Carnot-Prozess |
| Kausalität | Ohmsches Gesetz |
| Entropie | Strahlungsgesetz |
| Kraftgesetze | ... |
| Quantentheorie | ... |
| Relativitätstheorie | ... |
| ... | ... |

Tab. 2: Eine Auswahl der wichtigsten Naturgesetze. Die für unsere Zwecke relevantesten wurden im Text besprochen, aber die Physik kennt noch etliche weitere.

## 2.5. Die Naturkonstanten

**Wir beschreiben** Menschen anhand einer Vielzahl von Merkmalen wie Körpergröße, Geschlecht, Haar- und Augenfarbe. Die Naturkonstanten sind eine ähnliche Ansammlung von Parametern, welche die individuellen Eigenschaften unseres Universums festlegen. Im Gegensatz zu Personen, die es in allen möglichen Ausprägungen gibt, gehen wir allerdings davon aus, dass unser Universum einzigartig ist. Insofern sind die Zahlenwerte der Naturkonstanten erstaunlich, denn wir können sie in den allermeisten Fällen nicht erklären, sondern nur messen und in Tabellen auflisten. Computermodelle erlauben uns zwar, Simulationen von virtuellen Universen mit anderen Naturkonstanten zu erstellen, aber das hilft uns bei der Beantwortung der Frage, wieso sie in unserem Fall genau die Werte haben, die sie haben, nicht weiter. Mögliche Antworten liegen bereits jenseits der Grenzen unseres Wissens und werden daher erst in Kapitel 4 behandelt. Zunächst einmal geht es darum, was eine Naturkonstante überhaupt ist und weshalb wir so sicher sein können, dass sie sich wirklich nicht verändert.

Den ersten Punkt illustrieren wir am besten anhand einiger Beispiele. Eine der fundamentalsten Naturkonstanten, die in den einschlägigen Tabellen auch häufig ganz oben aufgeführt wird, ist die Lichtgeschwindigkeit c. Sie repräsentiert die Geschwindigkeit elektromagnetischer Wellen im Vakuum und dadurch gleichzeitig die Grenzgeschwindigkeit in unserem Universum. Schneller geht es nicht. Nähert man sich ihr an, geschehen merkwürdige Dinge wie die Verlangsamung der Zeit und die Kontraktion des Raums. Geschwindigkeiten misst man für gewöhnlich in Metern pro Sekunde. Deshalb hängt der genaue Zahlenwert der Lichtgeschwindigkeit von der Längeneinheit Meter und der Zeiteinheit Sekunde ab. Würde man in Meilen und Stunden messen, läge die Konstante entsprechend verschoben. Wir Physiker möchten uns das Leben aber möglichst einfach machen und benutzen daher das metrische System. In diesen Grundeinheiten beträgt der Zahlenwert der Lichtgeschwindigkeit ungefähr 300 000 Kilometer pro Sekunde. Der genaue Wert ist in Tabelle 3 aufgeführt.

In der Vergangenheit gab es immer wieder experimentelle Hinweise darauf, dass sich die Lichtgeschwindigkeit im Laufe der Jahrmilliarden verändert haben könnte. Auch wäre es denkbar, dass sie in bestimmten Bereichen der uns zugänglichen Raumkugel einen anderen Wert annimmt. Aber aus diesen Spekulationen ist nichts geworden. Heute geht man davon aus, dass die Grenzgeschwindigkeit über alle Zeiten und über das gesamte bekannte Universum hinweg konstant war.

Trotz ihrer überwältigenden Allgemeingültigkeit kann die Wissenschaft den Wert der Lichtgeschwindigkeit nicht erklären. Warum sind es nicht 30 000 Kilometer pro Sekunde? Oder 3000? Und warum gibt es überhaupt eine solche Obergrenze? Der letzte Punkt hat vielleicht damit zu tun, dass die Raumzeit ein „Etwas“ ist, in dem sich Masse und Energie nicht beliebig schnell bewegen können. Aber an dieser Stelle überschreiten wir schon wieder die Grenzen des Wissens.

| Bezeichnung | Formelzeichen und Wert | Einheit |
|---|---|---|
| Lichtgeschwindigkeit | $c = 299792458$ | $ms^{-1}$ |
| Gravitationskonstante | $G = 0{,}00000000006673(10)$ | $m^3kg^{-1}s^{-2}$ |
| Feinstrukturkonstante | $\alpha = 0{,}0072973525693(11)$ | |
| Plancksches Wirkungsquantum | $h = 6{,}2607015 \times 10^{-34}$ | Js |
| Boltzmannkonstante | $k_B = 1{,}380649 \times 10^{-23}$ | $JK^{-1}$ |
| Dichteparameter | $\Omega = 1{,}0005$ +/- $0{,}006$ | |
| Elementarladung | $1{,}602176634 \times 10^{-19}$ | C |
| Masse eines Elektrons | $m_e = 9{,}1093837015 \times 10^{-31}$ | kg |

Tab. 3: Tabelle einiger Naturkonstanten. Es gibt noch etliche mehr und ähnlich wie die Naturgesetze bilden auch sie eine Hierarchie. Die Zahlenwerte bei den Konstanten mit physikalischen Einheiten hängen von deren Festlegung ab, bei den metrischen Einheiten beispielsweise Urmeter und Urkilogramm. Daher fällt bei der Bezeichnung dieser Zahlenwerte häufig das Wort „Natur" weg. Auch die Zuordnung, welche der Konstanten „fundamental" sind, ist uneinheitlich.

Die nächsten beiden Einträge in der Tabelle 3 sind die Gravitationskonstante *G* und die Feinstrukturkonstante α. Erstere ist ein Maß für die Stärke der Schwerkraft, letztere ein Maß für die Stärke der elektromagnetischen Wechselwirkung. Die Feinstrukturkonstante bestimmt auch die Lichtemission. Sie lässt sich mit Präzisionslasern auf viele Stellen hinter dem Komma genau vermessen. Solche Experimente, bei denen man untersucht, ob sich ihr Wert verändert hat, werden seit einigen Jahren durchgeführt. Die Ergebnisse waren bislang negativ. Wenn die Feinstrukturkonstante über Jahre auf zehn oder mehr Nachkommastellen konstant ist, lässt sich hochrechnen, dass sie sich seit dem Urknall maximal um einige Prozentpunkte verschoben haben kann. Allerdings gilt dies nur unter der Annahme, dass eine mögliche Änderung der Naturkonstanten linear mit der Zeit variiert. Wenn sie sich kurz nach dem Urknall sehr rasch und später immer langsamer verschoben hat, kann aus der heute gemessenen Konstanz über einen Zeitraum von wenigen Jahren hinweg nicht auf eine drastische Varianz im frühen Universum zurückgeschlossen werden. Die Experimente liefern dennoch einen Hinweis darauf, dass die Naturkonstanten wirklich konstant sind. Ähnlich verhält es sich mit astrophysikalischen Messungen an Lichtquellen in enormer Entfernung. Auch für dieses Licht, das bereits vor vielen Jahrmilliarden seine Reise zur Erde angetreten hatte, war die Feinstrukturkonstante anscheinend die gleiche. Es gibt schwache Indizien für eine räumliche Variabilität, aber diese wurde bisher noch nicht endgültig bestätigt oder widerlegt. Könnte man allerdings stichhaltig beweisen, dass sich einige oder mehrere Naturkonstanten über Zeit und Raum hinweg verändern, hätte diese Erkenntnis das Potenzial, das Weltbild der Physik umzustürzen.

Weiter geht es mit dem Planckschen Wirkungsquantum *h*. Wie bereits erklärt, repräsentiert diese Konstante die Pixelung des Universums. So wie bei einem digitalen Fernsehbild, bei dem die Auflösung in der Anzahl der Punkte pro Fläche gemessen wird, gibt uns *h* ein Maß für die Größe der Pixel der Wirklichkeit. Es hat die Einheit Energie pro Zeit, ist also eine Wirkung. Im Gegensatz zur Analogie mit dem Bildschirm, nimmt das Plancksche Wirkungsquantum jedoch keinen Raum ein, sondern beschreibt eher eine Quantisierung der Energie in kleine Pakete. Das Gleiche gilt für den Drehimpuls, der ebenfalls nur ein Vielfaches des kleinstmöglichen Drehimpulsquants sein kann. Raum und Zeit selbst scheinen nach unserem derzeitigen Wissen nicht quantisiert zu sein, aber eventuell sind die Pakete schlichtweg zu klein, als dass wir bisher in der Lage wären, sie zu entdecken.

Als nächstes steht die Boltzmann-Konstante *k* auf der Liste, bei der es sich zunächst nur um einen Skalierungsfaktor zwischen Temperatur und Energie von Gasen handelt. Sie hat jedoch noch eine zweite Dimension: Im Kontext der Thermodynamik wird sie als fundamentale Naturkonstante betrachtet, weil sie Energie und Entropie zueinander ins Verhältnis setzt. Das gibt ihr ein enormes Gewicht. Wie wir mittlerweile wissen, kann man Ordnung mit Energie erkaufen – und die Boltzmann-Konstante bestimmt den Wechselkurs dieser Transaktion.

Eine weitere Größe, die häufig als Naturkonstante angesehen wird, ist der Dichteparameter des Universums Ω (Omega). Masse krümmt den Raum. Das gilt nicht nur lokal, sondern überall. Würde die Massendichte im Universum einen bestimmten Wert überschreiten, wäre es in sich selbst gekrümmt, fast wie eine Kugel. Flöge man also immer in die gleiche Richtung, käme man irgendwann an den Ausgangspunkt zurück, ähnlich wie auf der

Erdoberfläche. Mit weitreichenden Teleskopen hat man daher nach charakteristischen Galaxien gesucht, die sowohl in der einen als auch in der entgegengesetzten Richtung zu sehen sind – erfolglos. Die Krümmung, so es sie überhaupt gibt, ist demnach so klein, dass die Distanzen einer geschlossenen Bahn größer sind als der Durchmesser der uns zugänglichen Raumkugel. Unabhängig von diesen Beobachtungen lässt sich aber die Massendichte des Universums bestimmen und mit der eines hypothetischen, flachen Universums vergleichen. Das Verhältnis zwischen dem tatsächlich gemessenen und dem theoretischen Wert wird Dichteparameter genannt. Er liegt sehr nahe bei eins, was bedeutet, dass das Universum flach und daher vermutlich unendlich ausgedehnt ist. Unsere Teleskope reichen jedoch nur so weit, wie das Licht in der Zeit seit dem Urknall reisen konnte. Das Alter des Universums beträgt 13,7 Milliarden Jahre, weshalb die uns zugängliche Raumkugel auch 13,7 Milliarden Lichtjahre in alle Richtungen misst. Und sie ist dabei ganz erstaunlich flach.

Wobei „flach" es vielleicht nicht perfekt trifft. Denn auch am äußersten uns zugänglichen Rand, sozusagen dem Ende der Welt, beträgt die Raumkrümmung null. Das bedeutet aber, dass sich die Massendichte hinter der Lichtgrenze auf dem gleichen kritischen Wert fortsetzen muss. Fiele sie nämlich schlagartig ab, wäre die Raumzeit am Rand ähnlich wie bei einem Teller verbogen. Das ist aber nicht der Fall. Einige Forschende schließen daraus, dass sich das Universum auch hinter der Lichtmauer fortsetzt. Es müsste mindestens hundertmal größer sein als der uns zugängliche Teil, damit die Krümmung selbst am Rand so perfekt null betragen kann. Das alles folgt aus dem erstaunlichen Wert des Dichteparameters.

Zwei weitere Beispiele für Naturkonstanten sind die Ruhemassen der Elementarteilchen $m_0$ und die Elementarladung e. Mit der Entdeckung des Higgs-Teilchens konnte man nachweisen, dass es ein das Universum umspannendes Feld gibt, das den Elementarteilchen, die nach dem Standardmodell der Physik eigentlich keine Masse haben sollten, Masse verleiht. Dieses wirkt wie ein Sirup, der gegen jede Änderung des Bewegungszustands eines Teilchens Widerstand leistet. Die Stärke der Wechselwirkung mit dem Higgs-Feld bestimmt seine Masse. Findet keine Interaktion statt, beläuft sie sich auf null. Allerdings kann die Theorie bisher nur erklären, wie Masse überhaupt zustande kommt, aber nicht, warum diese Eigenschaft so ungleich auf die verschiedenen Arten von Teilchen entfällt. Diese Werte werden daher als Naturkonstanten angesehen. Auch hier weiß man nicht, warum sie so groß sind, wie sie nun mal sind. Ähnliches gilt für die Quantisierung der elektrischen Ladung. Sie tritt wie der Drehimpuls ausschließlich in Vielfachen einer Grundeinheit auf, die eine Naturkonstante ist und Elementarladung genannt wird. Protonen und Elektronen tragen genau ein solches Quant, nur mit jeweils umgekehrten Vorzeichen. Auf die Frage, warum sie so groß ist und nicht anders, hat die Physik bislang ebenfalls keine Antwort.

Unser letztes Beispiel sind die relativen Stärken der vier Naturkräfte aus dem letzten Kapitel. Wir haben gesehen, dass die starke Wechselwirkung ganz oben steht, gefolgt von der rund hundertmal schwächeren elektromagnetischen Wechselwirkung. Die schwache Wechselwirkung liegt dann nochmals etliche Zehnerpotenzen darunter und das absolute Schlusslicht bildet die Gravitation. Auch diese Verhältnisse sind Naturkonstanten und charakteristisch für unser Universum. In Kapitel 4 stellen wir Überlegungen an, wie es aussehen würde, wenn die Kennzahlen andere Werte hätten.

**Zusammenfassung: Naturkonstanten**

**Die Naturkonstanten sind Parameter, welche die konkreten Eigenschaften des Universums festlegen. Sie bilden ein Netzwerk von Zahlen, das zusammen mit den Naturgesetzen alle Abläufe kontrolliert. Ihre Werte können zwar mit hoher Genauigkeit gemessen werden, aber warum sie diese haben, ist unbekannt. Aller Wahrscheinlichkeit nach haben sich die Naturkonstanten seit einer sehr kurzen Zeit nach dem Urknall nicht mehr verändert und sind über das Universum hinweg uniform. Sollte sich allerdings herausstellen, dass sie Variationen über Zeit und Raum hinweg aufweisen, könnte dies das Weltbild der Physik revolutionieren. Bisher sind die Hinweise darauf jedoch spärlich.**

## Zwischenfazit: Was ist ein Universum?

Das Universum besteht also aus fünf Komponenten: Der Raumzeit als Bühne, den Elementarteilchen als Akteuren, den

Naturkräften, die es ihnen erlauben, miteinander in Beziehung zu treten, den Naturgesetzen, die das Geschehen kontrollieren und schließlich den Naturkonstanten, die konkrete Eigenschaften festlegen. Die Raumzeit scheint dabei für uns ähnlich dem Wasser für den Fisch zu Beginn des Kapitels zu sein: eine allumfassende Substanz. Wir nehmen sie nicht wahr, aber doch hat sie Masse, Energie, Druck, Temperatur und Strömungen. Die Physik ist der wahren Natur der Raumzeit immerhin auf der Spur. Ein Teil ihres Gewebes bildet das Higgs-Feld, dessen Existenz lange postuliert, aber erst vor kurzem mit dem Nachweis des gleichnamigen Teilchens bewiesen wurde. Bei der Raumzeit handelt es sich um ein „Etwas" und alles, eingeschlossen der Elementarteilchen, Naturkräfte, Naturgesetze und Naturkonstanten, gehört zu ihr. Ihre Substanz erscheint uns als komplexes, rätselhaftes Gewebe, aus dem unsere Wirklichkeit zusammengesetzt ist. Im anschließenden Kapitel beschäftigen wir uns allerdings mit weitaus mysteriöseren Aspekten ihrer Natur. Auch stellt sich die Frage, ob es nur dieses eine oder noch andere Gewebe gibt.

Hinsichtlich der bereits behandelten „Zutaten" des Universums ist die Physik in der Situation, in der sich die Biologie befand, als die Forscher noch ihre Zeit damit verbrachten, unzählige Daten über die Vielfalt der Pflanzen und Tiere zu sammeln. Sie trugen sie zusammen, konnten sie aber nicht erklären. Die Biologen hatten keine Ahnung, warum bestimmte Lebewesen bestimmte Eigenschaften aufweisen. Erst später kam Charles Darwin auf die Idee, wie es dazu gekommen sein könnte. Er hatte eine Erklärung für die Vielfalt des Lebens. Die Physik ist dagegen noch weit davon entfernt, die Vielfalt der Wirklichkeit zu erklären. Wir scheitern an der Beantwortung verblüffend einfacher Warum-Fragen: Warum wirken genau vier Naturkräfte und nicht mehr oder weniger? Warum gibt es so viele Arten von Elementarteilchen Elementarteilchen? Warum ist die Lichtgeschwindigkeit nicht schneller oder langsamer?

Wir haben alle Komponenten eines Universums beisammen. Jetzt müssen wir es nur noch erschaffen. Wenn wir uns nach dem Vorbild unseres tatsächlichen Universums richten wollen, geschieht dies mit einem Knall – die Urknalltheorie ist der letzte Baustein, der fehlt, um das Weltbild der modernen Physik zu vervollständigen.

## 2.6. Wie ist das Universum entstanden?

**Ähnlich wie eine Religion** hat auch die Physik eine Schöpfungsgeschichte. Schon immer wunderten sich die Menschen, wie die Welt entstanden war. Die Kulturen schufen die unterschiedlichsten Mythen, um sich auf die Existenz von allem, anstatt von nichts, einen Reim zu machen. Im Unterschied zu Schamanen und Propheten muss sich die Naturwissenschaft aber an überprüfbare Fakten halten, genauer gesagt an experimentelle Ergebnisse, um auf deren Basis und der bekannten Naturgesetze eine Theorie zur Entstehung der Welt zu entwickeln. Eine solche Modellvorstellung beruht allerdings stets auf Indizienbeweisen, denn ein Versuch zur Entstehung eines Universums, konkret also ein kleiner Urknall im Labor, ist nicht machbar. Daher birgt sie die Gefahr in sich, dass ihre Schlussfolgerungen, beispielsweise durch unvollständige Daten, inkorrekt sind. In diesem Fall ginge es uns so wie der Zivilisation in der Dunkelwolke: Mangelhafte Indizien führen zu falschen Vorstellungen.

Die seit einigen Jahrzehnten etablierte Modellvorstellung zur Entstehung des Universums ist die Urknalltheorie. In der Physik sagt man etwas vornehmer „Standardmodell der Kosmologie". Diesem zufolge entstand das Universum vor 13,7 Milliarden Jahren in einem gewaltigen Knall. Der Begriff ist insofern gut gewählt, als dass alle Energie und Materie extrem dicht und unter gewaltigen Temperaturen zusammengepackt waren. Ähnlich wie ein heißes Gas unter hohem Druck begann sich das Universum sofort auszudehnen. Allerdings ist die Vorstellung einer kleinen Kugel, die immer größer wird, falsch. Auch Aussagen wie: „Das Universum war nach rund einer Sekunde so groß wie eine Pampelmuse", sind unglücklich, denn sie setzen voraus, dass es außerhalb des Universums einen Vergleichsmaßstab gegeben hätte. Die Vorstellung einer kleinen Kugel deutet auf einen inneren und einen äußeren Raumbereich hin. Aber was sollte ein Raum außerhalb des Universums sein? Dazu gibt es weder Theorien noch Daten. Korrekter ist die folgende Beschreibung, die eine Aussage über die Größe des Universums vermeidet.

Im Standardmodell der Kosmologie wird ein sogenannter Skalenparameter definiert. Dabei handelt es sich um eine Art

Maß für die Ausdehnung. Stellen wir uns einen Luftballon vor, auf dem mit einem schwarzen Filzstift zwei Punkte in einem festgelegten Abstand gemalt sind. Pusten wir nun hinein, vergrößert sich die Entfernung der Markierungen durch die Expansion. Aus dem Abstand der Punkte können wir nun räumliche Information ableiten, ohne wissen zu müssen, wie groß der Ballon selbst ist. Mit dieser Idee eines Skalenparameters umgeht man geschickt die begrifflichen Schwierigkeiten, die Feststellungen zur Gesamtgröße des Universums mit sich bringen. Sie ist unbekannt und könnte auch zu jedem Zeitpunkt unendlich sein. Aus Perspektive der Mathematik gibt es hier kein Problem, da nichts gegen die weitere Ausdehnung bereits unendlicher Objekte spricht. Der Raum ist dann immer noch unendlich, aber alle darin befindlichen Dinge haben sich voneinander entfernt. Genau das sagt das Urknallmodell: Sterne und Galaxien sind in den expandierenden Raum eingebettet. Es quillt sozusagen neuer Raum zwischen den Himmelskörpern hervor. Dieser Prozess begann mit dem Urknall und setzt sich bis heute fort.

Wie es zum Urknall kam oder was davor war, kann die Physik nicht beantworten. Die Indizien, die zur Entwicklung des Standardmodells der Kosmologie geführt haben, erlauben keine Aussagen über eine Zeit, die vor der Singularität liegt. Es ist auch unklar, ob es davor überhaupt „Zeit" gab, da Raum und Zeit erst mit dem Urknall entstanden sind.

Wie bereits erwähnt, handelt es sich bei der Theorie, die soeben grob skizziert wurde, um einen Indizienbeweis. Sie beruht auf drei grundlegenden experimentellen Befunden, die zu ihrer Entwicklung geführt haben. Der erste ist die Galaxienflucht: Anfang des letzten Jahrhunderts konstruierten die Menschen zunehmend bessere Teleskope und fanden heraus, dass wir auf einer Sterneninsel, der Milchstraße, im Nichts schweben. Dann entdeckten sie in noch größeren Entfernungen ähnliche Gebilde bis sich ihnen schließlich die ganze Schönheit eines Universums offenbarte, das mit Milliarden von Galaxien angefüllt ist. Deren Licht analysierte man genau und machte dabei eine seltsame Beobachtung: Je größer die Distanz zu einer fremden Galaxie, umso schneller scheint sie sich von uns zu entfernen. Die Geschwindigkeit lässt sich relativ leicht mit dem Doppler-Effekt, den wir schon im Kontext der kosmischen Hintergrundstrahlung kennengelernt haben, messen. Charakteristische Spektrallinien

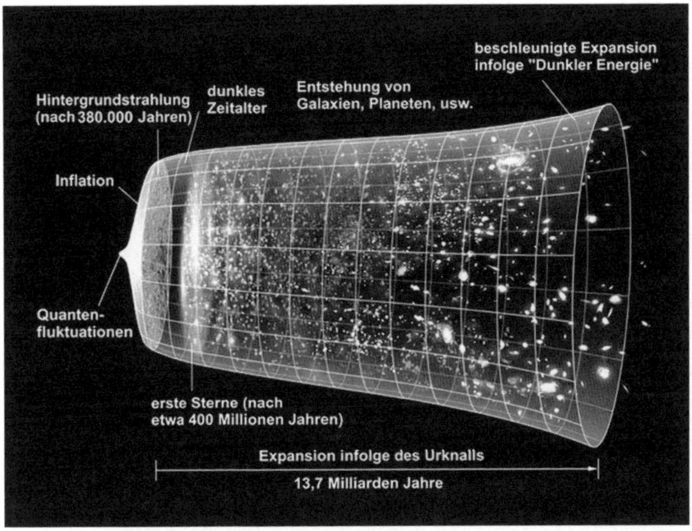


Abb. 14: Vereinfachte Darstellung des Urknallmodells. Der dreidimensionale Raum wird als zweidimensionale Scheibe dargestellt. Im Urknall vor 13,7 Milliarden Jahren hatte sie den Durchmesser null. Mathematisch gesehen handelt es sich dabei um eine sogenannte Singularität mit unendlich hoher Energiedichte. Dann folgte eine sehr kurze Phase überlichtschneller Expansion, die sich aber rasch normalisierte. Das Universum kühlte weiter ab und nach rund 400 Millionen Jahren bildeten sich erste Sterne und später Galaxien. Nachdem sich die Expansion zunächst weiter verlangsamt hat, beschleunigt sie heute wieder. Sie wird sich, soweit wir heute wissen, bis in alle Ewigkeit fortsetzen.

zeigen eine immer stärkere Verschiebung zu längeren, also röteren, Wellenlängen hin, wenn sich ein Objekt vom Beobachter weg bewegt. Diese Rotverschiebung war der erste und entscheidende Hinweis darauf, dass das Universum expandiert. Ab hier lässt sich die Ausdehnung relativ leicht zurückrechnen, mit dem Resultat, dass vor rund 13,7 Milliarden Jahren alle Galaxien in einem Punkt vereinigt gewesen sein müssen. Das war die Geburtsstunde der Urknalltheorie.

Die zweite Beobachtung, die zur Entwicklung des Urknallmodells führte, ist die kosmische Hintergrundstrahlung. Zunächst dachten die Forschenden bei der Entdeckung dieser Mikrowellen, die aus allen Richtungen auf die Erde strömen, sie seien die Konsequenz eines Defekts an ihrem Detektor oder Störfrequenzen durch einen Radiosender. Berühmt ist auch die Hypothese, dass Tauben

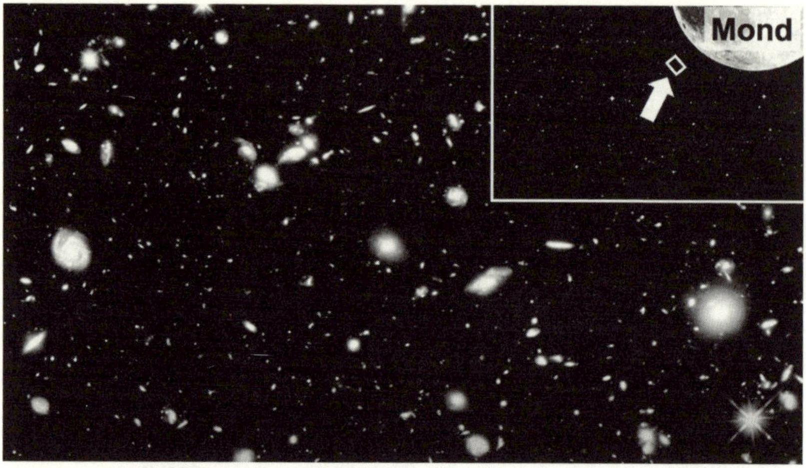


Abb. 15: Aufnahme vom Ende der Welt. Das Hubble-Weltraumteleskop blickte eine Woche lang in eine Richtung, in der es keine Vordergrundsterne gab. Von dort kam zunächst kaum Licht, aber nach langer Belichtungszeit wurden langsam Flecken sichtbar. Jeder einzelne ist eine ganze Galaxie, die ihrerseits Millionen von Sternen und Milliarden von Planeten enthält. Sie haben das Licht, das uns heute erreicht, vor langer Zeit losgeschickt, als das Universum noch sehr viel jünger war als heute.

die Antennen verunreinigt hätten. Tatsächlich handelt es sich bei ihnen aber um das Nachglühen des Urknalls. Ungefähr 400.000 Jahre nach seiner Geburt wurde das Universum transparent. Vorher bestand es aus heißem, lichtundurchlässigem Plasma. Zu dieser Zeit betrug die Temperatur ungefähr 10.000 Grad und das Universum strahlte wie ein weißglühender Schmiedestahl. Nachdem es durchsichtig geworden war, konnte sich diese Wärmestrahlung ungehindert über die Jahrmilliarden hinweg ausbreiten. Seither erfüllt sie jeden Winkel des Universums. Allerdings ist die elektromagnetische Strahlung als Teil der Raumzeit ebenfalls der Expansion unterworfen. Ihre Temperatur nahm im Laufe der Zeit kontinuierlich ab und liegt heute bei etwa 2,7 Grad Kelvin, also knapp über dem absoluten Nullpunkt. Deshalb ist sie auch keine Wärmestrahlung im klassischen Sinn mehr, sondern liegt nun im Mikrowellenbereich. Diese kosmische Hintergrundstrahlung, die mit einer erstaunlichen Homogenität aus allen Richtungen auf die Erde einströmt, kann durch praktisch keine andere Theorie als die Urknalltheorie erklärt werden.

Umgekehrt sagt das Standardmodell genau diese Strahlung vorher: Wenn es einen Urknall gab, müssen wir sein Nachglühen auch heute noch beobachten können.

Den dritten und letzten grundlegendem Indizienbeweis für die Richtigkeit der wissenschaftlichen Schöpfungsgeschichte liefert die kosmische Elementverteilung. Mit Teleskopen lassen sich Untersuchungen bezüglich der chemischen Zusammensetzung von Sternen und interstellarem Gas anstellen. Dabei kommt heraus, dass die bei weitem häufigsten Elemente im Universum Wasserstoff und Helium sind. Aus ihnen bestehen auch die Sonne sowie die Gasriesen Jupiter, Uranus, Saturn und Neptun in unserem Planetensystem. Eine konkurrierende Vorstellung zum Urknallmodell war die sogenannte Gleichgewichtstheorie. Ihr zufolge existiert das Universum schon seit ewigen Zeiten. Da aber Sterne ihre Energie durch die Fusion von Wasserstoff und Helium generieren, müssten diese irgendwann aufgebraucht gewesen sein. Deshalb kann die Gleichgewichtstheorie die dominante Häufigkeit dieser Elemente nicht erklären, wohingegen der Befund sehr gut zum Urknallmodell passt.

Das Rational dahinter ist folgendes: In einer sehr frühen Phase nach dem Urknall entstanden zunächst Protonen und Neutronen in identischer Anzahl. Da Neutronen aber instabil sind und in Protonen zerfallen, gab es bald einen Protonenüberschuss. Die Temperatur nahm daraufhin weiter ab. Je zwei Protonen verschmolzen mit zwei Neutronen zu einem Heliumkern. Das änderte jedoch noch nichts am Ungleichgewicht. Mit beständig sinkenden Temperaturen konnten weiterführende Kernreaktionen nicht mehr stattfinden. Während dieser Phase, fachsprachlich der „primordialen Nukleosynthese", entstand schließlich der Wasserstoff aus den überschüssigen Protonen. Die Fusionsreaktionen in diesem frühen Stadium sind sogar so genau bekannt, dass das Verhältnis von Helium zu Wasserstoff mit ziemlicher Genauigkeit berechnet werden kann. Es sollten demzufolge jeweils drei Wasserstoff- auf ein Heliumatom kommen und diese Hypothese stimmt genau mit unseren Messungen überein. Alle schwereren Elemente, einschließlich Kohlenstoff und Sauerstoff, entstanden erst viel später durch Fusionsprozesse im Innern von Sternen. Die Urknalltheorie sagt also neben der dominanten Häufigkeit von Wasserstoff und Helium vorher, dass mit wachsendem Alter des Universums die relative Häufigkeit aller anderen Elemente langsam zunehmen sollte. Auch das stimmt mit den Beobachtungen überein.

Es gibt also im Wesentlichen drei starke Indizien für die Richtigkeit der Urknalltheorie. Inzwischen sind aber noch einige weitere hinzugekommen. Nach Einsteins Theorie der Gravitation kann eine Ansammlung von Massen nicht stabil sein, da sie sich gegenseitig anziehen und deshalb über kurz oder lang zu immer dichteren Gebilden ballen. Die konkurrierende Gleichgewichtstheorie mit ihrem ewigen Universum ist schon allein aus diesem Grund unplausibel. Experimentelle Beobachtungen zeigen weiterhin, dass Galaxien in Haufen, Fäden und Knoten organisiert sind. Dazwischen existieren gewaltige Leerräume, die sogenannten Voids. Diese Beobachtung passt zur Urknalltheorie. Ihr zufolge war das Universum zu Beginn gleichmäßig mit Gas gefüllt. Die Gravitation bewirkte, dass sich dieses zu den heute beobachtbaren kosmischen Strukturen verdichtete. Der Prozess lässt sich in Großrechnern rekonstruieren. Dabei wird ein virtueller Raum mit Wasserstoff und Helium gefüllt. Innerhalb von Tagen und Wochen vergehen im Computer Milliarden von Jahren. Die Simulationen ergeben Gefüge, die den tatsächlichen Haufen, Fäden und Knoten inmitten enormer Leerräume erstaunlich ähnlich sehen. Das mag zwar kein experimenteller Beweis der Urknalltheorie sein, stellt aber doch eine erstaunliche Übereinstimmung zwischen Theorie und Experiment dar.

Ein weiterer Hinweis basiert auf einer genauen Analyse der kosmischen Hintergrundstrahlung. Damit die Materie in die eben erwähnten Strukturen ausflockt, muss es schon in einer frühen Phase, als das Universum noch von einem heißen Gas erfüllt war, Inhomogenitäten, also Bereiche von höherer Dichte, gegeben haben, die durch ihre Eigengravitation weitere Teilchen anzogen und somit wachsen konnten. Diese Abweichungen waren die Keime der späteren Galaxien und Galaxienhaufen. Der Theorie zufolge müssten sie sich in Temperaturunterschieden der kosmischen Hintergrundstrahlung bemerkbar machen. Auf den ersten Blick scheint diese, egal aus welcher Richtung sie strömt, immer genau gleich zu sein. Präzisere Messungen offenbarten dann aber schließlich die gesuchten Schwankungen. Aus verschiedenen Regionen des Himmels kommt die Strahlung mit

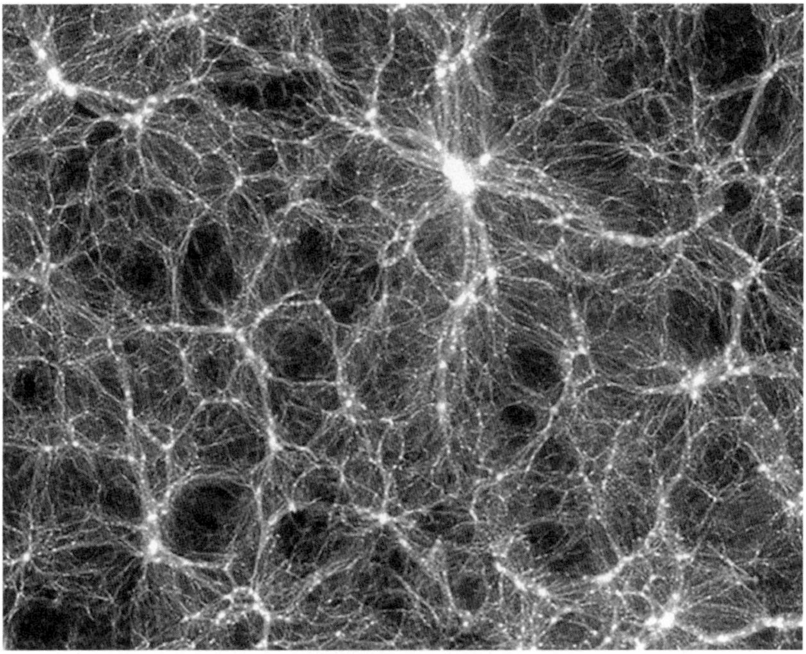

Abb. 16: Computersimulation der Ausbildung von großräumigen Strukturen durch die Wirkung der Eigengravitation eines Gases, das zu Beginn gleichförmig über das Volumen verteilt war. Das Resultat sieht der Realität verblüffend ähnlich.

leicht unterschiedlicher Temperatur auf uns zu. Die Differenzen sind zwar gering, doch sie genügen, um das Modell zu unterstützen.

Verblüffend ist die Größe der wärmeren und kälteren Zonen. Sie stimmt nämlich genau mit der Vorhersage der Urknalltheorie überein, laut der sie einen Durchmesser von 400.000 Lichtjahren haben sollten. Bei Teleskopaufnahmen arbeitet man immer mit Winkeln, die sich bekanntermaßen gut ausrechnen lassen, wenn Entfernung und Größe gegeben sind. Die warmen und kalten Flecken müssten jeweils einen Durchmesser von rund einem Grad aufweisen, ungefähr das doppelte der Größe unserer Sonne am Himmel. In erstaunlicher Übereinstimmung mit der Modellverstellung ist genau das der Fall.

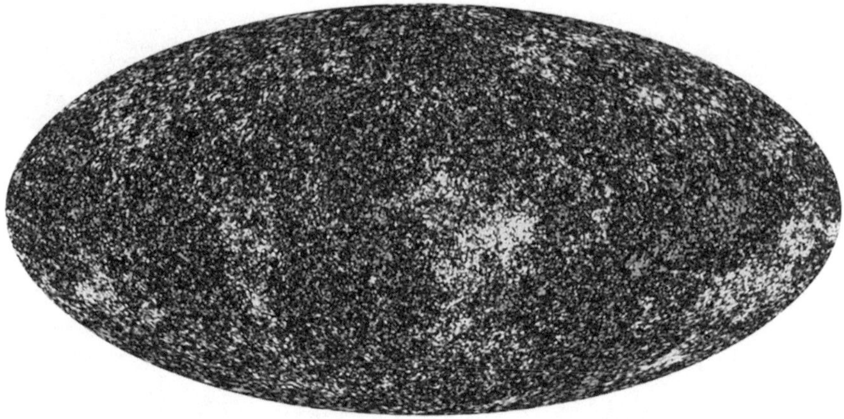

Abb. 17: Präzisionsmessung der Temperatur der kosmischen Hintergrundstrahlung, die aus allen Raumrichtungen auf die Erde einströmt. Die Darstellung zeigt das gesamte Firmament, das eigentlich eine Kugel ist, projiziert auf eine Fläche, ähnlich einer Weltkarte.

**Zusammenfassung: Wie ist das Universum entstanden?**
**Nach der Urknalltheorie ist das Universum vor 13,7 Milliarden Jahren in einer Singularität von unendlich dichter Materie und unendlich hohen Temperaturen entstanden. Seither expandiert es und kühlt dabei ab. Die wesentlichen Indizien, die diese Modellvorstellung unterstützen, sind die Galaxienflucht, die kosmische Hintergrundstrahlung und die Häufigkeitsverteilung der chemischen Elemente. Hinzu kommen inzwischen weitere Beobachtungen, unter denen die Ausbildung großräumiger Strukturen und die kosmischen Temperaturunterschiede besonders hervorstechen. Im Gegensatz zu konkurrierenden Theorien vermag das Urknallmodell all diese Beobachtungen zu erklären und formt deshalb die allgemein akzeptierte Schöpfungsgeschichte der Physik. Man könnte meinen, die Frage nach der Entstehung der Welt sei damit endgültig beantwortet. Aber auch das Urknallmodell hat Schwächen und benötigt stellenweise „Flicken“, also Ad-hoc-Annahmen, die notwendig sind, um experimentelle Beobachtungen zu erklären, die ansonsten nicht in die Theorie passen würden. Das ist Gegenstand des nächsten Kapitels.**

## Fazit: Das Weltbild der Physik

Die moderne Wissenschaft hat ihr Weltbild in einem Jahrhunderte andauernden Prozess entwickelt. Seinen Anfang nahm dieser mit der klassischen Physik, welche die Abläufe in unserem Alltag ganz wunderbar erklärt und mit unserem gesunden Menschenverstand übereinstimmt: Uhren gehen überall gleich schnell, Teilchen sind Teilchen und Wellen sind Wellen. Es gelten die Naturgesetze der Mechanik, der Thermodynamik und der Elektrodynamik. Aber es gab schon immer merkwürdige Unstimmigkeiten und offene Fragen. Beispielsweise war in der klassischen Physik die Zukunft festgelegt. Wären die Koordinaten und Geschwindigkeiten aller Teilchen zu einem bestimmten Zeitpunkt bekannt, müssten sich daraus sämtliche künftigen Zustände berechnen lassen. Das stimmte aber nicht mit unserer Alltagserfahrung überein, denn wir meinen, frei entscheiden zu können, was wir in der nächsten Sekunde tun. Etwas passte da nicht ganz.

Das Weltbild musste also erweitert werden. Heute ist die klassische Physik mit ihrer Gültigkeit in der menschlichen Sphäre nur eine Annäherung an eine weitaus umfassendere Theorie. Diese kann zahlreiche Phänomene erklären, auch solche weit außerhalb unserer Lebensrealität, wie zum Beispiel Schwarze Löcher. Nach dem aktuellen Weltbild der Physik besteht das Universum aus fünf Komponenten, nämlich der Raumzeit, den Elementarteilchen, den Naturkräften, den Naturgesetzen und den Naturkonstanten. Zu den Naturgesetzen gehören die großen Theoriegebäude der Quantenmechanik und der Relativitätstheorie. Hinzu kommt noch die Urknalltheorie, die erklärt, wie das Universum entstanden ist. Insgesamt wirkt die moderne Disziplin beeindruckend umfangreich und in sich geschlossen. Trotzdem gibt es Ungereimtheiten, die an die Endphase der klassischen Physik erinnern. Steht uns also wieder eine Revolution bevor? Wir haben unser Wissen über die Wirklichkeit in den letzten 120 Jahren erheblich weiter ins Unbekannte vorangetrieben, aber die offenen Fragen sind nicht weniger geworden. Auch hinkt unsere Vorstellungskraft den mathematischen Beschreibungen drastisch hinterher. Es scheint fast so, als sei die Physik mit ihren Modellen und Theorien in Zonen der Wirklichkeit gedrungen, in die ihr das menschliche Verstehen nicht mehr folgen kann.

Einiges deutet darauf hin, dass das noch keineswegs alles ist. Die Realität fällt womöglich deutlich umfangreicher aus als der Bereich, den die Wissenschaft bisher erkundet hat. Darum wird es in den folgenden drei Kapiteln gehen. Zuerst behandeln wir auf den nächsten Seiten diejenigen offenen Fragen, deren Beantwortung vermutlich noch im Rahmen der etablierten Theorien möglich ist. Danach wird es aber ernst, denn dann geht es um die, die das Potenzial haben, das so mühselig erarbeitete Weltbild wieder zum Einstürzen zu bringen. Das letzte Kapitel des Buches setzt sich schließlich mit der Rolle von Information auseinander. Möglicherweise sind nämlich nicht Materie und Energie die Basis allen Seins – und das wird dann schnell unheimlich.

# Offene Fragen der Physik 3

**In diesem Kapitel** betreten wir zum ersten Mal den Bereich des Unbekannten. Aber noch schreiten wir nur zögerlich hinter die Grenze des Wissens und bleiben in Sichtweite des bekannten Teils der Wirklichkeit. Im Folgenden geht es um Phänomene, welche die Physik bisher zwar nicht erklären kann, doch, wie sie selbst mit einiger Zuversicht meint, im Rahmen der bekannten Theorien in absehbarer Zeit wird erklären können. Die dabei gemachten Entdeckungen dürften das moderne Weltbild nicht grundlegend auf den Kopf stellen. So lautet zumindest die Erwartung der meisten Wissenschaftlerinnen und Wissenschaftler. Man tastet sich weiter ins Unbekannte vor, aber in dem Gefühl, dass sich die Wirklichkeit unmittelbar hinter der Grenze des Wissens nicht drastisch von dem vertrauten Bereich unterscheiden wird. Das Gefühl könnte jedoch auch täuschen. In der Fabel von der Zivilisation in der Dunkelwolke entspräche das einem Satelliten, der noch weiter als alle zuvor in den Staub eindringt, vielleicht unvermittelt in den freien Raum vorstößt – und dort die Milliarden Sonnen und Galaxien entdeckt. Bei den Problemen in diesem Kapitel sind die Chancen für eine Revolution eher gering. Ihre Lösungen werden, wenn die Physik sie denn findet, vermutlich noch ins etablierte Weltbild passen. Doch sie ermöglichen uns, schrittweise zu immer geheimnisvolleren Fragestellungen voranzuschreiten.

## 3.1. Gravitationswellen

**Ein gutes Beispiel** dafür, wie sich die Grenze des Wissens langsam immer weiter in den unbekannten Bereich verschiebt, stellen die Gravitationswellen dar. Heute zählen sie nicht mehr zu den offenen Fragen, denn ihre Existenz konnte 2015 endlich nachgewiesen werden. Es war nur ein kleiner Schritt, denn dass es sie geben musste, hatte Albert Einstein schon vor rund 100 Jahren vorhergesagt. Wir denken zurück, dass die Raumzeit ihm zufolge ein merkwürdig elastisches, vierdimensionales Gewebe ist, vergleichbar mit einem Block aus sehr hartem Gummi. Sie kann sich verformen und schwingen, aber es bedarf großer Kräfte, damit sie dies auch tatsächlich tut.

Wie wir wissen, krümmen Massen die Raumzeit. Sind sie in Bewegung, regen sie außerdem Schwingungen an, die sich mit Lichtgeschwindigkeit ausbreiten. Allerdings fallen diese normalerweise sehr schwach aus. Gravitationswellen von messbarer Stärke werden nur von kosmischen Großkatastrophen, wie beispielsweise verschmelzenden Neutronensternen oder kollidierenden Schwarzen Löchern, emittiert. Wenn solche extremen Massen zusammenstoßen, erschüttern sie die gesamte Raumzeit über Millionen und Milliarden Lichtjahre hinweg. Die resultierende Schockwelle breitet sich mit Lichtgeschwindigkeit kugelförmig aus und passiert irgendwann auch die Erde. Alle Objekte, einschließlich des Planeten selbst, werden durch diese Verzerrung der Raumzeit kurzfristig in einer Richtung gestaucht und in der anderen gedehnt.

Diejenigen kosmischen Ereignisse, deren Gravitationswellen bisher auf der Erde nachgewiesen werden konnten, geschahen vor Jahrmilliarden in fernen Galaxien. Aufgrund der enormen Distanzen ist die Schwingung, bis sie bei uns ankommt, nur noch ganz schwach. Gemeint sind Längenänderungen von einem Tausendstel des Durchmessers eines Protons auf eine Distanz von einem oder mehreren Kilometern. Sie zu messen war eine große Herausforderung und es grenzt fast an ein Wunder, dass es der Physik gelungen ist. 2015 stellten Gravitationswellendetektoren in den USA eine Erschütterung der Raumzeit durch das Verschmelzen zweier extrem massereicher Schwarzer Löcher fest. Die nachweisbare Schwingung dauerte nur den Bruchteil einer Sekunde und hört sich am Computer wie das kurze „Tschirp“ eines Vogels an. Tatsächlich ist aber bei diesem ersten nachgewiesenen Ereignis mehr Energie freigesetzt worden als alle Sterne des sichtbaren Universums abstrahlen. Seine Entfernung von der Erde wird auf über eine Milliarde Lichtjahre geschätzt, doch wo genau es stattfand, lässt sich mit dem Detektor leider nicht bestimmen. Die Existenz dieser Gravitationswellen liefert einen weiteren starken Hinweis darauf, dass die Raumzeit eine Substanz ist, da sie schwingen kann.

## 3.2. Gammablitze

**Vor Röntgen- und Gammastrahlung** aus dem Weltall schützt uns für gewöhnlich unsere Atmosphäre. Deshalb konnte man die hochgradig energiereichen, kurzzeitigen Strahlungsausbrüche, die im Wissenschaftsjargon Gammablitze genannt werden, erst mit dem Aufkommen von Weltraumteleskopen genauer untersuchen. In den wenigen Sekunden oder Minuten ihrer Existenz weisen sie eine millionenfach höhere Energiefreisetzung als die hellsten bekannten Supernovae auf. Letztere sind ihrerseits schon extrem intensive Energiequellen, die für Wochen und Monate heller als eine ganze Galaxie leuchten. Über lange Zeit gab es keine bekannten physikalischen Mechanismen, mit denen man die ungeheure Energie der Gammablitze erklären konnte. Ein Problem bestand darin, dass sie nur von sehr kurzer Dauer und deshalb lediglich in äußerst seltenen Fällen, wenn zufällig ein Teleskop in die richtige Richtung zeigte, auch im optischen Wellenlängenbereich zu beobachten waren. Heute arbeitet man dagegen mit einem Alarmsystem: Sobald ein spezielles Röntgenteleskop einen Gammablitz detektiert, werden sämtliche verfügbaren optischen Geräte sofort darauf ausgerichtet. So konnte man diese Phänomene sichtbaren kosmischen Objekten zuordnen, wodurch sich eine erstaunlich einfache Erklärung im Rahmen der Theorien von Supernovae und kollabierenden Sternen ergab.

Die Idee ist, dass es bei einer Supernova im Moment des Kollapses zu einer gerichteten Energieabstrahlung kommt. Dafür verantwortlich sind sehr starke Magnetfelder, die zu einer engen Bündelung der Röntgen- und Gammastrahlung führen. Liegt die Erde zufällig in der Sichtlinie eines solchen Bündels, lässt sich ein blendend heller Gammablitz beobachten. Dessen Energiemenge ist aber gar nicht so groß wie zunächst angenommen, da sie gerichtet abgestrahlt wird, während sich die sehr hohen Werte ursprünglich aus der Annahme ergaben, dass dies gleichmäßig in alle Richtungen geschieht. Mit dieser Hypothese im Hinterkopf ergeben die tatsächlich gemessenen Zahlen deutlich mehr Sinn: Ist die Abstrahlung gebündelt, reicht eine sehr viel geringere Energiemenge bereits aus, um die Beobachtungen auf der Erde erklären zu können. Bisher handelt es sich dabei aber nur um einen Erklärungsansatz, den es noch zu beweisen gilt. Die erste offene Frage steht also kurz davor, innerhalb des Weltbildes der Physik überzeugend geklärt zu werden. Mit den nächsten wird das schrittweise immer schwieriger.

## 3.3. Das Higgs-Teilchen

**Ein Problem** des Standardmodells der Elementarteilchenphysik besteht darin, dass es nicht erklären kann, warum Teilchen Masse haben. In diesem fundamentalen Theoriegebäude, das auf der Quantenphysik und einigen Symmetrieannahmen beruht, kommt die Eigenschaft als solche schlichtweg nicht vor. Trotzdem zeigen unsere Messungen, dass die meisten Elementarteilchen offenbar Masse haben. Wie passt das zusammen? An dieser Stelle ist es wichtig, zwischen zwei Konzepten zu unterscheiden: Zum einen gibt es die Ruhemasse oder träge Masse, die ein Teilchen auch dann noch hat, wenn es sich nicht mehr bewegt, und die sich einer Geschwindigkeitsänderung widersetzt, zum anderen gibt es die relativistische Masse, die einem Teilchen aufgrund der Äquivalenz von Energie und Masse nach Einstein zukommt. Die Herausforderung für das Standardmodell liegt speziell bei der Ruhemasse, da sie die zugrundeliegenden Symmetrien der Theorie zerstört. Tatsächlich ist bei ihr auch keinerlei Systematik zu erkennen. Die Teilchen haben einfach irgendwelche Werte.

Eine Idee, wie das Rätsel zu lösen sein könnte, war das Higgs-Feld. Es wurde schon in den 1960er Jahren des letzten Jahrhunderts von mehreren Forschenden, unter anderem seinem Namensgeber Peter Higgs, zur Bewältigung des Massenproblems vorgeschlagen. Durch eine Wechselwirkung mit dem Higgs-Feld, das ähnlich dem Äther aus früheren Zeiten das gesamte Universum ausfüllen sollte, erhielten die Elementarteilchen ihre Masse –

ungefähr so, als bewegten sie sich durch Sirup. Das Massenproblem würde so auf ein Problem der Kopplung reduziert und es gäbe einen theoretischen Mechanismus, wie sie nachträglich entstehen könnte, obwohl das Standardmodell dies eigentlich verbietet.

Das Higgs-Feld war lange umstritten und wurde teilweise sogar belächelt. Da es allgegenwärtig sein soll, gibt es nämlich erhebliche Probleme mit der allgemeinen Relativitätstheorie, aber das trifft ohnehin auf die gesamte Theorie der Elementarteilchen zu. Die Quantenphysik vernachlässigt die Gravitation kurzerhand, mit der Begründung, dass sie als Naturkraft zu schwach sei, um auf den relevanten Skalen eine Rolle zu spielen.

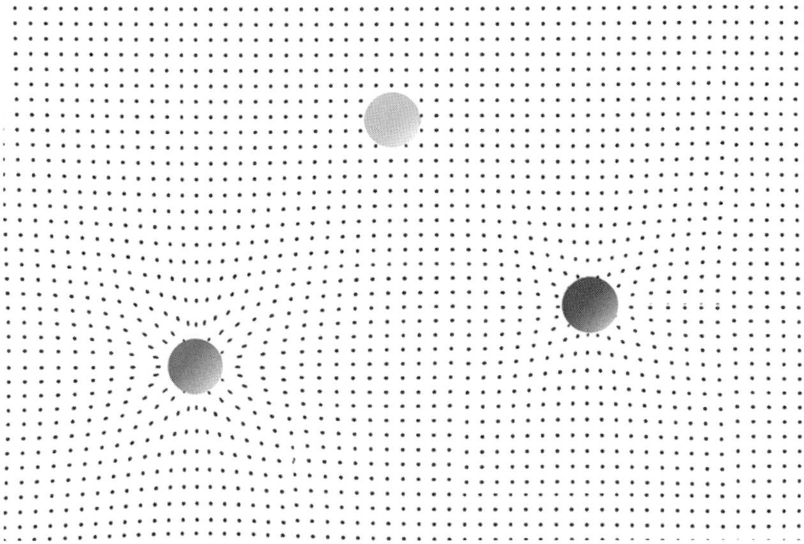

Abb. 18: Das Higgs-Feld (kleine Punkte) füllt das gesamte Universum aus. Je nach Sorte interagieren die Teilchen mehr oder weniger stark: Ein Photon (oben) hat keine Ruhemasse und verzerrt das Feld daher auch nicht, ein Elektron (rechts) mit geringer Masse verzerrt es ein wenig und ein schweres Teilchen (links) verzerrt es erheblich. Aus dieser Interaktion ergibt sich das, was wir als träge Masse bezeichnen.

Im Jahr 2012 ist es allen Kritikern zum Trotz gelungen, das Feldquant des Higgs-Feldes experimentell am CERN nachzuweisen und bald darauf gab es für die zugrundeliegende Idee den

Nobelpreis. Bei diesem Befund – vergleichbar mit dem Nachweis eines Photons als Feldquant des Lichtfeldes – handelt es sich um eine bedeutende Entdeckung. Sie passt zu der Überlegung in Kapitel 2 dieses Buches, dass das Vakuum Substanz hat. Zumindest ein Teil davon scheint also ein Feld zu sein, das Eigenschaften im von Higgs vorgeschlagenen Sinne aufweist. Noch weiß man allerdings nicht, ob es wirklich mit dem Higgs-Feld identisch ist, oder warum bestimmte Teilchen stark und andere schwach oder gar nicht damit wechselwirken. In diesem Fall wurde eine offene Frage der Physik mit der Existenz eines neuartigen, das Universum ausfüllenden Feldes beantwortet, das aber eigentlich mehr Fragen aufwirft, als es beantwortet. Immerhin könnte das Higgs-Feld Bestandteil eines Gewebes der Wirklichkeit sein, das sich aus verschiedenen überlappenden Feldern zusammensetzt.

## 3.4. Die 18 freien Parameter des Standardmodells

**Ein Ziel** der Naturwissenschaft ist die richtige Vorhersage der Ergebnisse von Experimenten oder von Ereignissen in der Natur. So war es von der Antike bis fast in die Moderne für die Menschen noch äußerst beeindruckend, wenn eine Sonnenfinsternis auf die Sekunde oder wenigstens die Minute genau terminiert werden konnte. Den Astronomen und Propheten kam damit fast der Status von Göttern zu, die Macht über die Natur und die Gestirne hatten. Häufig irrten sie sich allerdings auch und das vorhergesagte Ereignis trat nicht ein. Dann berief man sich auf Rechenfehler oder falsche „Stellschrauben" in den Theorien, die noch genauer justiert werden müssten. Sobald es um die Anpassung von Vorhersagen mit frei wählbaren Parametern an die Realität geht, geraten wir fließend in den Bereich der Alchemie. Denn wenn eine beliebig absurde Theorie nur genügend unbestimmte Variablen enthält, stimmt auch sie irgendwann mit der Wirklichkeit überein. Das gilt im gleichen Maße für die moderne Naturwissenschaft: Man biegt die vorhergesagte Kurve einfach so lange hin und her, bis sie mit der Messkurve übereinstimmt. Benötigen Theorien also viele justierbare Parameter, um Ihre Prognosen mit den experimentellen Ergebnissen in Übereinstimmung zu bringen, sind diese äußerst kritisch zu betrachten.

In Ab-initio-Theorien wird versucht, die Wirklichkeit ohne solche freien Variablen zu beschreiben. Ein Beispiel ist die Schrödingergleichung: Für das simpelste Atom, das Wasserstoffatom, sagt diese zentrale Differentialgleichung der Quantenphysik die messbaren Eigenschaften wie zum Beispiel das Ionisationspotenzial exakt vorher. Stellschrauben werden nicht benötigt. Das wäre auch unsinnig, denn das Ionisationspotenzial von 13,6 Elektronenvolt ist eine einfache Zahl. Würde eine alternative Theorie den falschen Wert vorhersagen, beispielsweise 54,4, und gäbe es in ihr einen frei wählbaren Parameter *x*, dann ließe sich der Fehler durch die Wahl von $x = 0,25$ leicht nachträglich korrigieren. So können auch die abstrusesten Aussagen den Anschein erwecken, theoretisch fundiert zu sein. In seriösen Theorien der Physik sollte es dagegen nichts geben, was der Mensch frei wählen kann, um sein Ergebnis der Realität anzupassen – lediglich Naturgesetze und Konstanten. Nur dann betreibt man im engeren Sinne Naturwissenschaft.

Nach diesen kritischen Worten mag es vielleicht überraschen, dass das Standardmodell der Teilchenphysik zwar tatsächlich die insgesamt 12 „richtigen“ Elementarteilchen, die sie zum Gegenstand hat, „erklären“ kann, dazu jedoch 18 freie Parameter benötigt, die es passend einzustellen gilt. Diese Beobachtung allein invalidiert das Modell natürlich nicht und vielleicht sind die postulierten Symmetrien tatsächlich real, aber dennoch erscheint eine Theorie, die für eine Übereinstimmung mit dem Experiment mehr Variablen braucht als es Arten von Dingen gibt, die sie zu erklären versucht, unfertig. Das Standardmodell ist eine der tragenden Säulen der modernen Physik. Die Tatsache, dass es Parameter benötigt, stellt also ein ernstes Problem dar und viele Forschende sehen das genauso. Möglicherweise hat die Elementarteilchenphysik ähnlich der Zivilisation in der Dunkelwolke noch nicht den vollen Umfang der Realität erkannt.

## 3.5. Schwarze Minilöcher

**Galaxien sind** gewaltige Scheiben aus Sternen und interstellarem Gas, die um ein gigantisches Schwarzes Loch in ihrem Zentrum kreisen. Im Falle unserer Milchstraße hat dieses eine Masse äquivalent zu vier Millionen Sonnen. Es gibt bei Schwarzen Löchern theoretisch weder eine Ober- noch eine Untergrenze für ihre Größe. Relevant ist lediglich ihre Dichte: Ihre Masse muss auf einen so kleinen Raumbereich zusammengepresst sein, dass die Gravitation selbst das Licht nicht mehr entkommen lässt. Das ist im Prinzip auch mit deutlich weniger als einer Sonne möglich, wenn nur genügend Druck herrscht. In der Theorie spricht also nichts gegen die Existenz von Schwarzen Minilöchern. Doch wie sieht es in der Praxis aus? Im Falle gewöhnlicher Schwarzer Löcher, so die gängige Theorie, kollabiert zunächst ein massenreicher Stern. Die Eigengravitation dieser Riesen wirkt dabei so stark, dass die gewaltigen Mengen an Gas in ihrem Zentrum zu einem einzelnen Punkt, der Singularität, komprimiert werden. Nichts kann diesem ungeheuren Gravitationsdruck widerstehen. Daher müssten Schwarze Löcher, zumindest so wie wir sie bisher erklären, mindestens die Masse einer Sonne haben.

Wir stehen also eigentlich vor zwei Fragen: Existieren Schwarze Minilöcher und wenn ja, wie sind sie entstanden? Bezüglich der Genese gibt es einige Ideen. So nimmt eine Theorie an, dass die Bedingungen kurz nach dem Urknall die Bildung von Minilöchern – sogenannten primordialen Schwarzen Löchern – begünstigten. Damals war das Universum hochgradig komprimiert. In diesem Zustand könnten zufällige Dichteschwankungen kleine Punkte von enormem Druck hervorgebracht haben. Die Entstehung Schwarzer Minilöcher ist also durchaus denkbar. Aber gibt es sie überhaupt?

Der klassische Nachweis ihrer Existenz wäre eine simple Beobachtung durch Teleskope. Einer verbreiteten Vorstellung zufolge vagabundieren die Schwarzen Minilöcher durch das Universum und richten auf ihrem Weg schwere Zerstörungen an, da sie sämtliche Materie in sich aufsaugen. Diese Aufeinandertreffen sollten eine starke Strahlung in allen Wellenlängenbereichen erzeugen, die sich leicht beobachten lassen müsste. Allerdings wurden solche Ausbrüche bisher noch nie gemessen. Wir stellen zwar allerhand spontane Spikes an Röntgen- und auch Gammastrahlung fest, aber deren lokalisierbare Quelle sind nie Schwarze Minilöcher. Es ist weiterhin keineswegs gesichert, dass sie eine Spur der Verwüstung hinterlassen, da sie theoretisch kleiner als der Durchmesser eines Atomkerns sein können. Dann wäre die

Wahrscheinlichkeit auf Materie – also zum Beispiel einen normalen Atomkern – zu treffen, äußerst gering. Für solche extrem kleinen Schwarzen Löcher wird sogar vorhergesagt, dass sie die Erde passieren, ohne dass wir es bemerken. Sie sind so winzig, dass sie einfach zwischen den Atomen hindurchfliegen.

Das macht sie zu Kandidaten für WIMPs – eigentlich das englische Wort für einen Schwächling –, einer Abkürzung für „weakly interacting massive particles“ oder auf Deutsch „schwach wechselwirkende massereiche Teilchen“. Diese hängen mit einer weiteren offenen Frage zusammen, die wir weiter unten näher behandeln werden. Schwarze Minilöcher könnten nämlich, wenn sie wirklich nur geringfügig mit Materie wechselwirken, die zusätzliche Gravitationswirkung unbekannten Ursprungs verursachen, die man bislang der Dunklen Materie zuschrieb. Allerdings müsste es in diesem Fall sehr viele von ihnen geben und es erscheint unplausibel, dass sie dann noch nicht entdeckt worden wären. Damit bleibt die Frage nach ihrer Existenz weiterhin unbeantwortet.

## 3.6. Hawking-Strahlung

**Eines der großen** ungelösten Probleme der Physik ist die Unvereinbarkeit von Gravitation und Quantenphysik. Unser gesamtes Weltbild vom Mikrokosmos bricht zusammen, sobald ein Gravitationsfeld „eingeschaltet“ wird. Die mathematischen Beschreibungen dieser beiden Sphären vertragen sich schlichtweg nicht. Man könnte fast meinen, es existierten verschiedene Naturgesetze für die Welt des ganz Großen und die Welt des ganz Kleinen, die aber miteinander unvereinbar sind. Da erstere jedoch auf letzterer „aufsitzt“, kann das nicht stimmen. Die beiden Theoriegebäude müssen irgendwie zusammenpassen. Wir haben allerdings noch nicht herausgefunden, wie genau das gehen soll.

Ein erster Ansatz ist die in Kapitel 2 bereits erwähnte Hawking-Strahlung. Aus Sicht der Relativitätstheorie sind Schwarze Löcher perfekt schwarz und nichts, absolut gar nichts, kann ihnen entrinnen – nicht einmal das Licht. Dafür gibt es auch ein recht überzeugendes Argument: Verantwortlich ist nämlich weniger die ungeheuer starke Gravitation, die alles an sich zieht, sondern vielmehr die Zeit, die – zumindest von außen gesehen – stillsteht. Deshalb geschieht im Inneren eines Schwarzen Lochs „nichts" und wenn „nichts" geschieht, kann auch nichts entkommen. Dieser Befund wird weitestgehend als gesichert angenommen.

Und doch könnte es sein, dass Schwarze Löcher eine Art Wärmestrahlung abgeben. Die vermutete Ursache ist ein quantenmechanischer Prozess unmittelbar an ihrer Oberfläche – also dort, wo die Zeit eben noch nicht ganz stillsteht, sondern nur deutlich langsamer verläuft. Stephen Hawking hat die Existenz dieser äußerst schwachen, elektromagnetischen Strahlung vorhergesagt, damit das übergeordnete Naturgesetz von der Erhaltung der Entropie erfüllt bleibt. Wir erinnern uns, dass diese immer zu-, aber niemals abnehmen kann. Würde also irgendein Objekt – wie beispielsweise ein Buch – in ein Schwarzes Loch fallen, wäre die Entropie dieses Gegenstands für immer verloren. Das ist allerdings unmöglich. Folglich muss die Entropie des Schwarzen Lochs zunehmen. Von außen betrachtet hat es aber nur Masse, Drehimpuls und elektrostatische Ladung. Diese drei Eigenschaften reichen allein nicht aus, um das Naturgesetz von der steten Zunahme der Entropie zu erfüllen, wenn das Schwarze Loch durch die Aufnahme anderer Massen wächst. Dafür müsste es eigentlich noch weitere, von außen erkennbare Merkmale geben. Hawking argumentierte daher, dass sie eine schwache, thermische Strahlung, auch Schwarzkörperstrahlung genannt, abgeben und deshalb zusätzlich zu den drei genannten Eigenschaften eine Temperatur hätten. Wenn diese Theorie stimmt, stellt sich allerdings die Frage, wie es möglich sein kann, dass ein Schwarzes Loch strahlt.

Der vorgeschlagene Mechanismus basiert auf den Vakuumfluktuationen der Raumzeit, einem bereits aus Kapitel 2 bekannten Phänomen der Quantenphysik. Im Rahmen der Zeit-Energie-Unschärferelation bilden sich im leeren Raum ständig Teilchen-Antiteilchen-Paare, hauptsächlich von Photonen, die sofort wieder verschwinden. Wenn ein solches Paar nahe der Oberfläche eines Schwarzen Loch entsteht, kann es passieren, dass die Teilchen in entgegengesetzte Richtungen fliegen. Sobald eines der beiden den Ereignishorizont überquert, ist es für uns verloren. Das Überbleibsel sieht sich nun mangels eines Anti-Partners gezwungen, eine reale Existenz anzunehmen und entkommt ins Universum. Der Netto-Effekt ist, dass das Schwarze Loch strahlt. Die Energie dazu stammt aus seiner eigenen Masse, weshalb es fast unmerklich langsam leichter wird. Allerdings sammeln Schwarze Löcher parallel nahezu permanent Masse auf, indem sie beispielsweise Photonen der kosmischen Hintergrundstrahlung absorbieren. Der Verlust durch die Hawking-Strahlung ist so gering, dass er in dieser Bilanz kaum ins Gewicht fällt.

Stephen Hawkings Theorie ist ein Brückenschlag von der Welt des ganz Kleinen zur Welt des ganz Großen. Er hat außerdem berechnet, dass die Temperatur eines Schwarzen Lochs von seiner Größe abhängt: je kleiner, desto heißer. Winzige Schwarze Löcher sollten demnach intensiv strahlen und ständig an Masse verlieren. Irgendwann erreichen sie ein Minimum und lösen sich dann in einer letzten Explosion gänzlich auf. Die Astronomen haben nach diesem Phänomen Ausschau gehalten, aber keine Anzeichen für die Existenz Schwarzer Minilöcher, die am Ende ihres Lebens zerstrahlen, gefunden. Jedenfalls bisher nicht. Auch das ist eine offene Frage, welche die Problematik der Vereinbarkeit von Quantenphysik und Relativitätstheorie berührt.

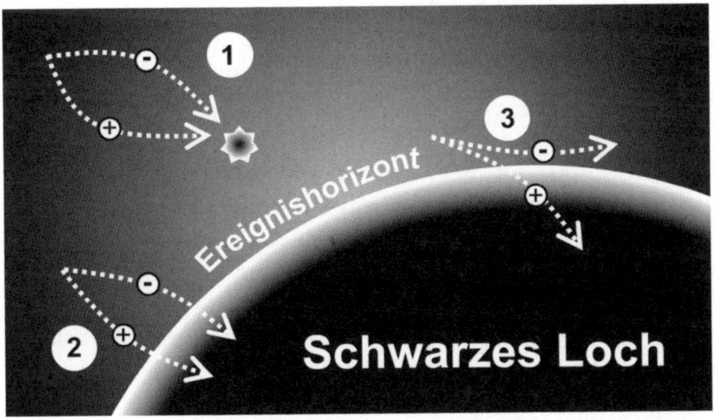


Abb. 19: Der Elementarprozess, der es ermöglicht, dass Schwarze Löcher strahlen, spielt sich unmittelbar am Ereignishorizont ab. In der Raumzeit entstehen ständig für kurze Zeit virtuelle Teilchen-Antiteilchen-Paare. Im Prozess mit der Zahl 3 fliegt eines der beiden Teilchen zufällig in das Schwarze Loch und verschwindet. Das andere Teilchen kann dann nicht wieder verschwinden, sondern muss real werden. Die Energie geht der Masse des Schwarzen Lochs verloren, was sich netto als eine Art Wärmestrahlung bemerkbar macht. Damit erfüllt es den Zweiten Hauptsatz der Thermodynamik, der als übergeordnetes Naturgesetz angesehen wird und dem auch Objekte der allgemeinen Relativitätstheorie unterworfen sind.

## 3.7. Antimaterie

**Bei dem, was man** später als „Antiteilchen" bezeichnen sollte, handelte es sich zunächst nur um die Vorhersage einer physikalischen Theorie, die Lösungen mit sowohl positiven als auch negativen Vorzeichen zuließ. Letztere erschienen unrealistisch und galten deshalb lange Zeit als Datenmüll. Doch dann fand man das Antiteilchen des Elektrons. Dieses „Positron" hat genau die gleiche Masse und den gleichen Eigendrehimpuls, ist aber positiv statt negativ geladen. Kommt es mit einem Elektron in Kontakt, zerstrahlen beide zu Energie. Umgekehrt ist es möglich, unter Energieaufwand Teilchen-Antiteilchen-Paare aus dem Nichts zu erzeugen. Sie müssen stets zusammen entstehen und wieder zerstrahlen, weil alle Prozesse den großen Erhaltungssätzen der Teilchenzahl, der Ladung und des Drehimpulses unterliegen. Hier werden die Vorzeichen wichtig: Ein Teilchen zählt nämlich positiv und ein Antiteilchen negativ. In der Summe ist die Teilchenzahl daher null, genauso wie vor der Paarerzeugung. Ähnliches gilt für die anderen Erhaltungssätze. Inzwischen weiß man, dass zu jeder Art von Elementarteilchen auch eine gesonderte Art von Antiteilchen existiert.

Lange Zeit geisterte die Hypothese durch die Wissenschaftswelt, dass es Zonen aus Antimaterie, ganze Sonnen und Planeten, im Kosmos geben müsste. Sollte versehentlich ein Raumschiff aus echter Materie auf ihnen landen, käme es zu einer verheerenden Explosion. Aber trotz intensiver Suche wurden keine derartigen Zonen gefunden. Gäbe es sie, müsste man von der Erde aus Bereiche intensiver Strahlung beobachten können, da auch der interstellare Raum voll von Gas-Atomen und Staub ist, die im Grenzbereich zwischen Materie und Antimaterie heftige Reaktionen verursachen würden. Folglich gibt es sie nicht. Diese Aussage gilt inzwischen als wissenschaftlich gesichert. Doch warum gibt es sie nicht? Tatsächlich handelt es sich bei der fehlenden Antimaterie um eines der größten Rätsel der Physik.

Der Urknalltheorie zufolge bestand das Universum zum Zeitpunkt seiner Geburt aus purer Energie, also Strahlung. Aus ihr bildeten sich Teilchen-Antiteilchen-Paare, die sich sofort wieder gegenseitig vernichteten. Offenbar ist aber eine gewisse Menge an „echter“ Materie übriggeblieben, denn sonst wären wir nicht hier. Es muss entsprechend einen Überschuss an Teilchen, die keine Anti-Partner finden konnten, gegeben haben. Nach der gängigen Vorstellung war dieses Ungleichgewicht verschwindend gering: Von je einer Milliarde Teilchen, die im Urknall entstanden sind, ist im Schnitt nur eines nicht wieder mit einem Antiteilchen zu Energie zerstrahlt. Das klingt zwar nach wenig, lässt aber dennoch auf eine Asymmetrie in den Eigenschaften von Materie und Antimaterie schließen. Eine Möglichkeit sieht vor, dass bei der Erzeugung von Teilchen und Antiteilchen ein wenig mehr von ersteren als von letzteren entstehen. Das ist jedoch unwahrscheinlich, weil damit die großen Erhaltungssätze verletzt würden. Auch wäre es denkbar, dass einige Antiteilchen zerfallen, bevor sie wieder mit ihrem Gegenpart zerstrahlen können. Dazu muss man wissen, dass in der extremen Hitze des frühen Universums viele instabile Teilchensorten entstanden sind. Wenn also die Antiteilchen ein klein wenig schneller zerfallen sind als ihre Partner, bleiben diese übrig. Und das – oder so etwas Ähnliches – ist wohl geschehen.

Im Laufe intensiver Forschung fand man tatsächlich zwei Teilchenarten, die mit einer geringfügig unterschiedlichen Rate zerfallen. Es handelt sich bei ihnen um exotische Fälle, deren Details hier zu weit führen würden. Obendrein sind die Diskrepanzen zu gering, als dass sie die Dominanz der Materie in unserem Universum erklären könnten. Aber da es bereits zwei Sorten gibt, die den gesuchten Unterschied in der Zerfallsgeschwindigkeit aufweisen, ist es ziemlich wahrscheinlich, dass man irgendwann auch ein Teilchen-Antiteilchen-Paar findet, welches das Problem der fehlenden Antimaterie im Kontext des bestehenden Weltbilds der Physik endgültig löst. Andere Fragen und Probleme bergen ein größeres Potenzial, unsere Vorstellung von der Wirklichkeit über den Haufen zu werfen. Dazu gehören die Dunkle Materie und die Dunkle Energie, denen wir uns im Folgenden widmen.

## 3.8. Dunkle Materie

**Im vorigen Kapitel** wurde bereits erläutert, dass zahlreiche Indizien und experimentellen Befunde für die Richtigkeit der

Urknalltheorie sprechen. Es sollte daher überraschen, dass sie lediglich rund 5 Prozent der Substanz des Universums erklären kann – der Rest ist unbekannter Natur. Dieses eigenartige Gewebe der Wirklichkeit, das sich im Urknall spontan entfaltet hat und immer noch ausdehnt, besteht nur zu einem kleinen Bruchteil aus beobachtbarer Materie! Letztere umfasst sämtliche Galaxien, Nebel, Sterne und Planeten. Auch die geläufigen Formen der Energie sowie die geisterhaften Neutrinos werden in dieser Bilanz mitgezählt, ebenso Schwarze Löcher und andere Objekte, die unter günstigen Umständen per Zufall entdeckt wurden. Von dem unbekannten Rest ist etwa ein Viertel sogenannte Dunkle Materie. Dabei meint das Adjektiv nicht unbedingt, dass sie wirklich dunkel ist – das wissen wir nämlich nicht –, sondern spielt lediglich auf ihre mysteriöse Natur an. Offenbar existieren nämlich im Universum zusätzliche Massen, auf deren Existenz bisher nur ihre Gravitation hinweist. Der Ursprung dieser Schwerkraft ist trotz intensiver Suche unbekannt. Es gibt viele Thesen, was sich dahinter verbergen könnte – von mikroskopisch kleinen Schwarzen Löchern und magnetischen Monopolen über unbekannte Elementarteilchen wie die bereits erwähnten WIMPs bis hin zu dunklen Sternen. Sie alle wurden verworfen.

Die Wirkung der Dunklen Materie manifestiert sich an vielen Stellen, aber am einfachsten lässt sie sich anhand der Rotationskurven von Galaxien erklären. Bei Strukturen wie unserer Milchstraße handelt es sich um gewaltige Sterneninseln, die als flache, rotierende Scheiben im Nichts schweben. Über Jahrmilliarden hat sich die Materie durch die Eigengravitation zu riesigen Wolken zusammengezogen. Aus zunächst schwachen Wirbeln entstanden dadurch nach und nach die majestätisch rotierenden Galaxien. Seit dem Urknall haben sie erst einige Umdrehungen geschafft, denn sie sind dabei äußerst langsam. Unsere Sonne umkreist das Zentrum der Milchstraße einmal in 200 Millionen Jahren; in den 13,7 Milliarden Jahren seit der Entstehung des Universums ist dies also vielleicht 50 Mal geschehen.

Die Geschwindigkeit der Sterne auf ihrer Bahn um die Zentren der Galaxien lässt sich messen. Für unsere Sonne liegt sie bei 220 Kilometern pro Sekunde. Dieses Tempo sollte sich stetig verringern, je weiter ein Objekt vom Zentrum entfernt ist, da Kreisbahnen folgender Bedingung unterliegen: Die Fliehkraft nach außen muss gleich der Anziehungskraft zur Mitte hin sein. Letztere nimmt aber nach dem Newtonschen Gravitationsgesetz mit dem Quadrat des Abstands ab. Also müssen die Sterne, die sich näher am Rand befinden, das Zentrum sehr viel langsamer umkreisen. Dies gilt auch für die Planeten unseres Sonnensystems: Die Bahngeschwindigkeit der Erde auf ihrem Weg um die Sonne liegt bei etwa 30 Kilometern pro Sekunde, während der Saturn nur rund ein Drittel so schnell unterwegs ist.

Soweit die Theorie, nun der Befund: Die Sterne in den äußeren Zonen rotieren zu schnell. Unseren Kenntnissen über die Gesetze der Physik zufolge sollten die Galaxien schon längst auseinandergeflogen sein. Es muss daher eine zusätzliche Schwerkraftwirkung geben, welche die zu hohe Fliehkraft der umlaufenden Sterne kompensiert. Die Forschung geht nun davon aus, dass die Galaxien mehr Masse haben als aufgrund der nachweisbaren Materie in Form von Sonnen und Gaswolken anzunehmen ist.

Abb. 20: Die helle Galaxie LRG 3-757 im Zentrum des Bildes hat eine hundertmal größere Masse als unsere Milchstraße. Sie beugt das Licht einer weiter entfernten Galaxie „hinter ihr" um sich herum, so dass ein Ring entsteht. Dieser Gravitationslinsen-Effekt erlaubt die Vermessung der Gesamtmasse der Galaxie und der Dunklen Materie.

Aus genauen Analysen der Sternbewegungen lässt sich auch auf deren Verteilung schließen: Die Galaxien scheinen in gewaltige Sphären aus Dunkler Materie eingebettet zu sein. Im Gegensatz zur sichtbaren Materie hat sie sich also nicht zu flachen Scheiben verdichtet, sondern bildet gewaltige Kugeln um diese herum.

Die Schwerkraftwirkung der Dunklen Materie zeigt sich noch an anderen Stellen im Kosmos. So können gewaltige Strukturen wie Galaxienhaufen beispielsweise das Licht weit entfernter individueller Galaxien gleich einer optischen Linse fokussieren, das uns dann auf verschiedenen Wegen um den Haufen herum erreicht. Diese sogenannten Gravitationslinsen wirken wie ein Flaschenboden und verzerren das Bild der weit entfernten Galaxien zu Kreisen und Bögen, die man in der Fachsprache auch als „Einsteinringe" bezeichnet. Ohne die Annahme der Existenz zusätzlicher Masse in Form von Dunkler Materie ließe sich dieser Effekt den Berechnungen zufolge nicht erklären.

In besonders günstigen Fällen ermöglichen uns Computermodelle, die Verteilung der Gesamtmasse in einem Galaxienhaufen zu vermessen. Das Ergebnis ist erstaunlich: An der Position der Galaxien gibt es weit ausgedehnte, kugelförmige Massenballungen, die deren Größe nochmals deutlich übersteigen. Auch der Haufen als solcher ist also in eine Wolke aus Dunkler Materie eingebettet. Der Gravitationseffekt liefert einen direkten Nachweis für ihre Existenz und zeigt, dass sie alle massereichen kosmischen Objekte, einschließlich der Erde, umhüllt. Trotz dieses Wissens ist nach wie vor unbekannt, um was es sich bei ihr genau handelt.

Das dritte Phänomen, bei dem die Existenz einer bislang unbekannten Quelle von Schwerkraft angenommen werden muss, um die experimentellen Beobachtungen zu erklären, betrifft die Geschwindigkeit, mit der sich die großen Strukturen im Kosmos aus dem anfänglich nahezu gleichförmig verteilten Gas gebildet haben. Gab es nach dem Urknall irgendwo zufällig eine etwas dichtere Ansammlung von Teilchen, so entwickelte diese eine höhere Massenanziehung als die Umgebung und wuchs immer weiter bis sich das diffuse Gas schließlich zu den stellaren Objekten verdichtete, die wir heute beobachten können, einschließlich der großen Leerräume dazwischen. Auch dieser Prozess lässt sich am Computer simulieren. Dabei wird aber deutlich, dass die Zeit nicht ausgereicht hätte, wenn nur die bekannte Masse im Universum daran beteiligt gewesen wäre. Die Schwerkraftwirkung im Modell ist nämlich zu gering; folglich müsste es sehr viel länger als die faktischen 13,7 Milliarden Jahre bis zur Bildung der heute beobachtbaren großen Strukturen gedauert haben. Nur unter Annahme einer zusätzlichen Quelle von Gravitation, der Dunklen Materie, passen die Simulationen zur Wirklichkeit. Sie ist also von entscheidender Bedeutung für unser Universum – in einem gewissen Sinne sogar wichtiger als die bekannte Materie. Aber für die Physik bleibt sie ein absolutes Rätsel.

## 3.9. Dunkle Energie

**Die Dunkle Materie** könnte zu einem ernsten Problem für das Weltbild der Physik werden, wenn sie sich zum Beispiel als ein neues, bisher unentdecktes Elementarteilchen entpuppt. Denn dann müsste man die darauf aufbauende Theorie komplett neu schreiben. Aber das ist noch gar nichts im Vergleich zur Dunklen Energie, die mit rund zwei Dritteln den größten Teil der Substanz des Universums ausmacht. Auch hier steht das Adjektiv „dunkel" wieder für ihre unbekannte Natur und nicht für eine wortwörtliche Eigenschaft. Ähnlich wie bei der Dunklen Materie lässt sich ihre Existenz ausschließlich indirekt, also an ihren Auswirkungen, festmachen. Genauer gesagt gibt es davon sogar nur eine: Die Beschleunigung der Expansion des Universums.

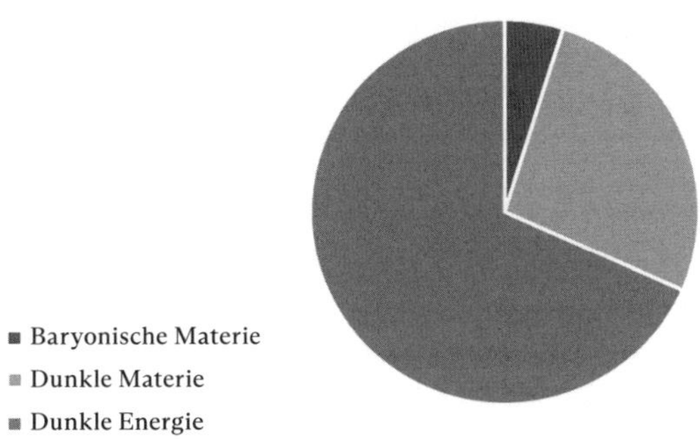


Abb. 21: Energie und Materie zusammen machen die Substanz des Universums aus. Nur etwa fünf Prozent davon sind bekannt. Auf der Beobachtung dieser Baryonischen Materie in Form von Sternen, Nebeln und Planeten basiert das Urknallmodell, das (bisher) nicht die Hauptkomponenten des Universums, die Dunkle Materie und die Dunkle Energie, erklären kann. Die Physik tappt bei etwa 95 Prozent seiner Substanz buchstäblich im Dunkeln.

Nach der bis vor einigen Jahren als gesichert angesehenen Theorie sollte sich die Expansionsgeschwindigkeit des Universums seit dem Urknall kontinuierlich verringern. Die Ursache für diese Abbremsung ist die gegenseitige Massenanziehung. Alle Massen, insbesondere die Galaxien, ziehen einander an, weshalb sich die Ausdehnung zunächst verlangsamen und schließlich sogar umkehren sollte. Als das Universum noch jünger und dichter war, traf diese Einschätzung auch zu. So zumindest die heute akzeptierte Modellvorstellung. Vor ein paar Milliarden Jahren drehte sich das Vorzeichen um und seither beschleunigt die Expansion wieder. Dieser Prozess benötigt aber Energie. Woher diese kommt, ist unbekannt – daher der Name –, doch die Menge, die dafür notwendig ist, lässt sich ausrechnen. Das Ergebnis: Die Dunkle Energie muss, umgerechnet in Masse, rund zwei Drittel der Substanz des Universums ausmachen.

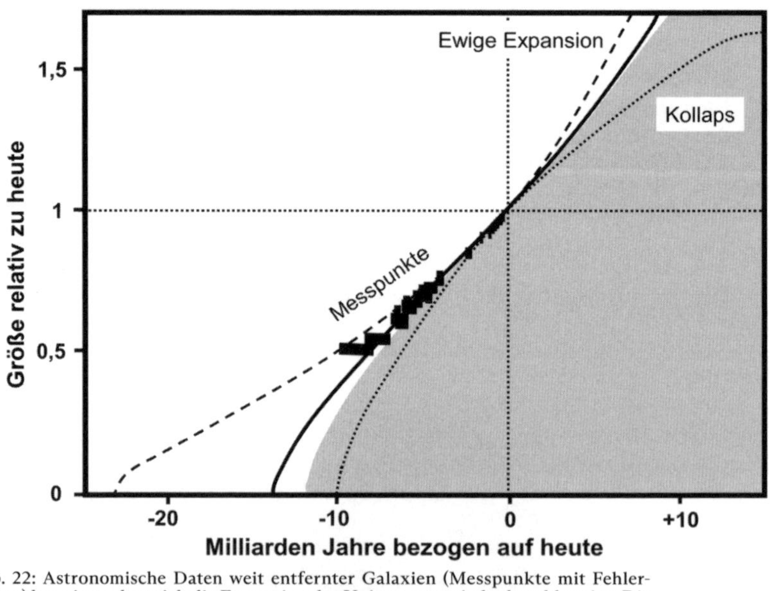


Abb. 22: Astronomische Daten weit entfernter Galaxien (Messpunkte mit Fehlerbalken) beweisen, dass sich die Expansion des Universums wieder beschleunigt. Die Messungen liegen nahe der durchgezogenen Linie, welche die Zeitentwicklung eines Universums beschreibt, das sich ewig weiter ausdehnen wird. Die gepunktete Linie illustriert ein massereiches Universum, das irgendwann wieder kollabieren wird, und die gestrichelte ein massearmes Universum, das rasch expandiert. Diese Messpunkte sind der wichtigste Beleg für die Existenz der Dunklen Energie.

Die bloße Tatsache der Beschleunigung wird nicht angezweifelt, denn dazu liegen experimentelle Daten vor. Das Grundprinzip hinter solchen Messungen lautet, dass ein Blick in große Entfernungen auch immer einem Blick in die Vergangenheit gleichkommt. Wenn die Expansion des Universums über die Jahrmilliarden konstant gewesen wäre, müsste es einen linearen Zusammenhang zwischen der Geschwindigkeit, mit der sich Galaxien von uns entfernen, und ihrer Distanz geben: Je weiter sie weg sind, desto schneller sollten sie sich von uns wegbewegen. Hätte sich dagegen die Ausdehnungsgeschwindigkeit irgendwann geändert, dann fiele die Relation zwischen Entfernung und Fluchtgeschwindigkeit nicht mehr linear aus. Die Auswertung der Daten war recht kompliziert, auch weil es sich schwierig gestaltet, die Distanz entlegener Galaxien genau zu bestimmen, doch die Experten hatten schließlich Erfolg. Man schloss, dass sich die Expansionsgeschwindigkeit in den ersten Jahrmilliarden nach dem Urknall noch verringerte, aber seitdem allmählich wieder zunimmt. Diese Messungen haben die alte Vorstellung davon, woraus das Universum besteht, völlig zum Einsturz gebracht. Heute gilt es als gesichert, dass rund zwei Drittel der kosmischen Substanz aus Dunkler Energie besteht und deshalb unbekannt ist.

Doch was könnte die Dunkle Energie sein? Ein Ansatz geht davon aus, dass das Vakuum selbst Substanz hat. Das wurde bereits im vorangehenden Kapitel behandelt: Wir konnten ihm Energie, Masse, Temperatur, Druck und sogar Strömungen zuschreiben. Der Wendepunkt in der Expansion des Universums vom anfänglichen Abbremsen hin zur Beschleunigung ließe sich durch die wachsende Menge an Leerraum zwischen den Galaxien erklären. Übte dieser von sich eine Art Druck aus, dann riefe ein größerer Abstand noch mehr Vakuum und dadurch eine noch höhere Abstoßung hervor. Netto wäre das so etwas wie eine Antigravitation der Raumzeit selber – und eine plausible Begründung für die beschleunigte Expansion. Allerdings ist der Druck, der im Casimir-Effekt durch die Vakuumfluktuationen erzeugt wird, um etwa den Faktor $10^{100}$ (eine Eins mit 100 Nullen) zu hoch, als dass man das Phänomen so erklären könnte. Damit haben wir es hier sogar mit der größten Abweichung zwischen Theorie und Experiment in der gesamten Physik zu tun.

Sie geht auf die gewaltige Menge an Vakuum zwischen den Galaxien zurück.

Vielleicht ist die Dunkle Energie tatsächlich eine Eigenschaft des Vakuums oder besser gesagt der Raumzeit, die erst bei sehr großen Distanzen merklich in Erscheinung tritt. Damit stellt sie die Physik aber vor noch größere Rätsel als die Dunkle Materie.

## 3.10. Die Inflation, das Horizontproblem und die Flachheit

**Mit unseren größten Teleskopen** können wir ans Ende des Universums schauen – in dem Sinn, dass unser Blick nicht weiter reicht, als sich das Licht in der Zeit seit dem Urknall ausbreiten konnte. Das Universum ist 13,7 Milliarden Jahre alt, also können wir nur 13,7 Milliarden Lichtjahre weit in alle Raumrichtungen sehen. Auf eine gewisse Art und Weise sind wir damit am Ende angelangt, aber gleichzeitig auch am Anfang, denn ein Blick durch ein Teleskop ist eine Reise zurück zum Anbeginn allen Seins. Je weiter entfernt, um so jünger sind die Objekte, die wir studieren. Galaxien in einer Entfernung von 10 Milliarden Lichtjahren erscheinen uns so, wie sie 3,7 Milliarden Jahre nach dem Urknall aussahen. Wir beobachten die entfernten Strukturen in ihrem Jugendalter und noch weiter entfernt sehen wir sie als Baby-Galaxien. Es gibt jedoch eine prinzipielle Grenze für die maximale Entfernung, die uns mit Messinstrumenten zugänglich ist. Könnten wir 13,7 Milliarden Lichtjahre weit schauen, müssten wir eigentlich in der Lage sein, den Urknall als eine Art Blitz wahrzunehmen. Das geht aber nicht, denn das frühe Universum bestand aus einem heißen, undurchsichtigen Plasma. Erst 400 000 Jahre nach seiner Geburt wurde der Raum transparent und frühestens ab diesem Zeitpunkt sind wir in der Lage, das Universum mit Teleskopen zu observieren. Um das extrem schwache Licht der weit entfernten Objekte nachweisen zu können, müssen unsere Geräte allerdings enorm empfindlich sein.

Das Erstaunliche ist nun, dass wir, egal in welche Richtung wir schauen, immer das Gleiche sehen. Damit sind nicht etwa identische Galaxien gemeint, sondern eine allgemeine Homogenität in der Vielfalt, wenn man so will. Auf den großen Skalen sieht unser Universum überall verblüffend ähnlich aus, in etwa wie die Computersimulation in Abbildung 16 (S. 105). Auch hat die kosmische Hintergrundstrahlung fast überall auf vier Stellen hinter dem Komma genau die gleiche Temperatur. Das ganze Universum befindet sich demzufolge im thermischen Equilibrium. Diese Tatsache erfordert nach den Gesetzen der Physik, dass die heute weit voneinander entfernten Raumregionen irgendwann in der Vergangenheit einmal ausreichend lange und intensiv in Kontakt gestanden haben müssen, damit sich ein solcher Ausgleich einstellen konnte. Heute ist das nicht denkbar, da sogar Bereiche in von uns aus gesehen entgegengesetzten Richtungen fast exakt die gleiche Temperatur aufweisen. Das Universum muss also zu irgendeinem Zeitpunkt die Gelegenheit gehabt haben, diese verschiedenen Regionen thermisch auszugleichen. Die Frage, wie es dazu kam, nennt man in der Physik das Horizontproblem.

Dass dieses ernst ist, lässt sich vielleicht anhand von folgendem Beispiel illustrieren. Nehmen wir an, Sie sind bei Ihren Physikerfreunden zu Besuch und haben zum Angeben ein extrem genaues Thermometer mitgebracht. Im Wohnzimmer beträgt die Temperatur 21,5473 Grad Celsius – nicht zu warm und nicht zu kalt. Aber die Zahl kommt ihnen bekannt vor. Sie rufen im Speicher ihres Geräts die Temperatur bei sich zuhause vom Vorabend auf. Die Anzeige gibt erneut 21,5473 Grad wieder. Dann würden Sie sich vermutlich wundern, wieso diese beiden Werte so genau übereinstimmen – aber möglicherweise haben Sie einfach nur die gleiche Klimaanlage. Doch es wird noch schlimmer, denn am nächsten Tag fliegen Sie nach Florida und beziehen Ihr Hotelzimmer in Miami. Wieder messen Sie die Temperatur und schon wieder kommt genau dieselbe Zahl dabei heraus. Auf der Erde gibt es natürlich nur eine Erklärung für dieses Phänomen: Ihr Thermometer hat einen Softwarefehler und sie müssen es neustarten. Im Universum machen wir eine ähnliche Beobachtung, aber in diesem Fall liegt es ganz sicher nicht an unseren Messgeräten: Die Temperaturen in völlig unterschiedlichen Raumbereichen liegen irrsinnig nah beieinander.

Wann soll das Universum also diesen thermischen Ausgleich bewerkstelligt haben? Die theoretische Physik wusste sich nur mit einem „Flicken“ zu behelfen, um dieses Problem zu lösen und die Urknalltheorie zu retten. Denn letztere kann die Homogenität der

Temperatur alleine nicht erklären. So führte man eine „Inflationsphase“ in die Schöpfungsgeschichte ein und bediente sich dabei folgendem Argument: Wenn das Universum seit dem Urknall konstant mit ungefähr Lichtgeschwindigkeit expandierte, lässt sich zurückberechnen, dass die Entfernungen immer zu groß und die Zeiten immer zu kurz waren, als dass sich ein thermisches Gleichgewicht hätte einstellen können. Also muss die Ausdehnung irgendwann, vermutlich in einem frühen Stadium, erheblich schneller abgelaufen sein. Der Theorie zufolge handelt es sich bei dieser Inflation um eine zusätzliche, nur einen winzigen Augenblick andauernde, aber dafür überlichtschnelle Phase der Expansion. Davor existierte das Universum als ein dichter Ball aus Gas im thermischen Equilibrium. Danach waren die resultierenden Raumbereiche zwar voneinander entkoppelt, wiesen jedoch immer noch die exakt gleiche Temperatur auf.

Innerhalb unseres Universums kann sich nichts schneller als das Licht bewegen – das Universum sich selbst allerdings schon. Das ist auch gar nicht so abwegig. Ein Dorf, in dem man nicht schneller als 30 Kilometer pro Stunde fahren darf, bewegt sich dennoch mit mehreren tausenden Kilometern pro Stunde um die Erdachse. Relevant ist stets der Bezugsrahmen. So ähnlich verhält es sich auch mit der Expansion des Universums. Deshalb widerspricht die Inflationsphase nicht der Relativitätstheorie.

Nach der gängigen Vorstellung begann die Inflation $10^{-35}$ und endete zwischen $10^{-33}$ und $10^{-30}$ Sekunden nach dem Urknall. Das Universum wuchs dabei um den Faktor $10^{26}$. Man beachte die Vorzeichen an den Hochzahlen: Die Zeitangaben sind winzig klein, die Ausdehnung ist dagegen gewaltig. Geschähe das Gleiche mit einem 1,80 Meter großen Menschen, stieße er mit Kopf und Füßen jeweils an den Rand des bekannten Kosmos. Diese Phase überlichtschneller Expansion wurde durch ein von der Theorie neu geprägtes Feld, das „Inflaton“, angetrieben. Sowohl über dessen Eigenschaften als auch über die kurze Dauer des Prozesses gibt es einige Theorien. Eine Diskussion solcher recht abgehobener Physik würde den Rahmen dieses Buches allerdings mehrfach sprengen.

Die Inflationsphase war also eine notwendige Erweiterung, ein „Flicken“, um die Urknalltheorie, die offizielle Schöpfungsgeschichte der Physik, zu retten. An dieser Stelle müssen wir uns die Frage stellen, was Naturwissenschaft eigentlich ist. Der Philosoph Karl Popper hatte die Möglichkeit der Falsifikation zum entscheidenden Kriterium bestimmt, das sie von anderen Denkrichtungen unterscheidet: Nur wenn man prinzipiell in der Lage ist, eine Theorie durch Experimente zu widerlegen, betreibt man wirklich Naturwissenschaft. Bestimmte Teilbereiche der Physik sind jedoch nicht falsifizierbar. Dazu gehören die bereits erwähnten Beispiele der Stringtheorie und Schleifenquantengravitation, aber auch die Theorie der Inflation. Vielleicht beschreiben diese rein theoretischen Gebilde die Wirklichkeit, vielleicht sind sie nur Fiktion – wir können es nicht herausfinden. Die Inflation ähnelt nicht rein zufällig der Urloch-Theorie aus der Fabel zu Beginn des Buches: Die Wissenschaftlerinnen und Wissenschaftler in der Dunkelwolke mussten sich etwas ausdenken, um die Entstehung ihrer Welt zu erklären, obwohl sie aufgrund ihrer Lage keine Chance hatten, der Wahrheit auf die Spur zu kommen. Das soll nicht heißen, dass es die Inflationsphase nicht gegeben hätte. Aber ein solcher Rettungsversuch wirkt von außen betrachtet ein wenig verzweifelt. Mit dem Higgs-Boson fand man immerhin ein Indiz, dass allumspannende Felder wie das Inflaton tatsächlich existieren könnten. Aber ob der Nachweis dieses neuen Teilchens tatsächlich ausreicht, um eine überlichtschnelle Expansion des Universums kurz nach dem Urknall zu beweisen, ist alles andere als klar.

Verzweifelt oder nicht, muss man der Inflationstheorie allerdings zugestehen, dass sie noch bei der Erklärung eines zweiten Phänomens äußerst hilfreich ist, das wir bereits in Kapitel 2 im Kontext der Naturkonstanten kurz angeschnitten hatten: der Flachheit des Universums. Da Masse bekanntlich den Raum krümmt, könnte hypothetisch das ganze bekannte Universum gekrümmt sein. Das trifft aber nicht zu. Im Gegenteil: Detaillierte Analysen der kosmischen Hintergrundstrahlung belegen, dass das Universum absolut flach ist. Der Dichteparameter $\Omega$ beträgt ziemlich genau eins, was bedeutet, dass die mittlere Materiedichte von rund drei Wasserstoffatomen pro Kubikmeter nahezu exakt mit dem kritischen Wert, der für ein flaches Universum notwendig wäre, übereinstimmt. In unserer unmittelbaren Umgebung oder generell innerhalb von Sonnensystemen,

Asteroidengürteln und Nebeln liegt die Dichte natürlich deutlich höher, aber im interstellaren Mittel werden diese Ausreißer durch die Voids, gigantische Leerräume, in denen kaum Atome zu finden sind, mehr als ausgeglichen.

Es ist schwierig, die enormen Größenordnungen, mit denen wir es hier zu tun haben, zu veranschaulichen. Nehmen wir an, die Erde sei nur ein Staubkorn mit einem Millimeter Durchmesser. Das Sonnensystem wäre dann in etwa so groß wie ein Fußballplatz. Unsere Milchstraße hätte in diesem Maßstab den gewaltigen Durchmesser von 10 Millionen Kilometern, das Dreißigfache der Entfernung zum Mond. Und ein Void ist nochmal um den Faktor 1000 größer als eine Galaxie. Jeder Vergleich mit Dimensionen aus unserem Alltag muss hier versagen.

Ein derartig flaches Universum ist nach dem heutigen Stand des Wissens jedenfalls extrem unwahrscheinlich. Warum sollte ausgerechnet die richtige Menge an Atomen pro Kubikmeter über den Kosmos verstreut sein? Eine Antwort liefert die Inflationstheorie. Durch die überlichtschnelle Expansion wurde die Raumzeit quasi „flachgezogen"; so jedenfalls die gängige Lehrmeinung. Dass etwas flacher wird, wenn man hefig daran zieht, wirkt auf den ersten Blick einleuchtend. Aber lässt sich so eine Vorstellung auch auf das ganze Universum anwenden? Der Gedanke wirkt ein wenig skurril.

Eine Schlussfolgerung aus der Flachheit des beobachtbaren Universums wurde bereits erwähnt: Damit sich unsere Raumkugel auch an ihren Rändern nicht krümmt, muss die Massendichte jenseits davon konstant bleiben. Würde sich der Wert hinter der Lichtmauer plötzlich ändern, wäre die Raumzeit schon kurz vorher wie ein Teller gewölbt. Das ist aber nicht der Fall. Abschätzungen dieses Effekts ergaben, dass sich die konstante Massendichte über das mindestens Hundertfache des Volumens unserer Raumzeitkugel hinaus fortsetzt. Das passt auch zur Inflation, denn wenn sich das Universum zu Beginn mit Überlichtgeschwindigkeit ausgedehnt hat, muss es gewaltige Bereiche außerhalb unserer Raumzeitblase geben. Jenseits der Lichtmauer geht es also vielleicht noch ein gutes Stück weiter. Zu der Frage, wer oder was sich dort befinden könnte, stellen wir im nächsten Kapitel einige Überlegungen an.

## 3.11. Eine Quantentheorie der Gravitation

**Die Physikerinnen und Physiker** sind sich darüber einig, dass sie für eine vollständige Erklärung des Urknalls eine Quantentheorie der Gravitation benötigen. Die Welt des ganz Kleinen muss mit der Welt des ganz Großen zusammengeführt werden. Das war während des Urknalls der Fall: winziger Raum bei enorm hoher Massendichte. Die Quanteneffekte und Effekte der allgemeinen Relativitätstheorie hielten sich das Gleichgewicht und bestimmten gemeinsam die Physik des Universums in diesem Zustand. Aber wie wir mittlerweile wissen, passen die Theorien, die diese beiden Bereiche der Natur beschreiben, nicht zusammen: In der Quantenmechanik gibt es weder Raumkrümmung noch Gravitation; umgekehrt kommen in Einsteins allgemeiner Relativitätstheorie keine Quanten vor.

Beide großen Theoriegebäude zielen auf Eigenschaften der Raumzeit ab. Die Quantentheorie ist die Basis des Standardmodells der Teilchenphysik. Da die Elementarteilchen, mit denen sie sich befasst, nichts anderes als Wirbel der Raumzeit sind, liegt letztere auch den drei Naturkräften, die über den Austausch virtueller Teilchen vermittelt werden, sowie den Quantenobjekten des Welle-Teilchen-Dualismus und der Unschärferelationen zugrunde. Letztlich ist die Quantenphysik nichts anderes als eine Theorie von Teilaspekten der Raumzeit. Das Gleiche gilt für die allgemeine Relativitätstheorie, welche die Grundlage für unser Verständnis der Gravitation bildet, indem sie diese als Krümmung der Raumzeit erklärt. Die beiden Säulen der modernen Physik beschreiben letztlich denselben Gegenstand aus unterschiedlichen Perspektiven, lassen sich aber trotzdem fundamental nicht zusammenbringen. Wir haben wohl etwas Wichtiges an Raumzeit noch nicht verstanden. Dabei sind wir Lebewesen selbst Teil von ihr. Hierin besteht die vielleicht gravierendste offene Frage der etablierten Physik – ihre Antwort hat das Potenzial, unsere Sicht auf die Dinge von Grund auf zu revolutionieren.

### Zusammenfassung: Offene Fragen der Physik

Im vorangegangenen Kapitel hatten wir das Weltbild der modernen Physik in groben Zügen skizziert. Dabei entstand der Eindruck, dass alles perfekt zusammenpasst, die Forschenden den größten Teil der Wirklichkeit bereits erkundet haben und alle relevanten Phänomene erklären können. Das war aber nur auf den ersten Blick richtig. Bei genauerem Hinsehen offenbarten sich nämlich etliche Unklarheiten, die wir in diesem Kapitel der Reihe nach durchgegangen sind. Wir begannen dabei mit Fragestellungen, die jüngst geklärt werden konnten und solchen, deren Beantwortung mit großer Wahrscheinlichkeit kurz bevorsteht. Aber die Probleme wurden zunehmend komplexer. Für experimentelle Beobachtungen wie die Dunkle Materie und die Dunkle Energie bleibt uns die Physik eine überzeugende Antwort schuldig. Und um das Horizontproblem zu lösen, ist sogar die skurril anmutende Ad-hoc-Annahme der Inflation nötig. „Flicken" wie diese sind im Sinne von Karl Popper keine Naturwissenschaft, weil man sie zwar behaupten, nicht aber experimentell überprüfen kann. Wie in unserer Fabel von der Zivilisation in der Dunkelwolke verweisen sie darauf, dass unser Weltbild noch unvollständig ist. Und ähnlich wie in einem Sherlock-Holmes-Krimi vermag selbst das winzigste Indiz, eine ganze Theorie zum Einsturz zu bringen.

Im nächsten Kapitel wird es dann noch schlimmer. Dort widmen wir uns Themen, die das Weltbild der Physik ernsthaft in Frage stellen. Um keine Missverständnisse zu verursachen: Wir wollen nicht behaupten, dass die Physik insgesamt „falsch" wäre. Naturwissenschaften sind immer nur „richtig", also angemessen in ihrer Beschreibung, relativ zu dem uns zugänglichen Teil der Realität. Aber es gibt Befunde, die auf eine Wirklichkeit jenseits des Horizonts der etablierten Physik hindeuten. Im Bild unserer Fabel befindet sich diese außerhalb der Dunkelwolke. Wir beschäftigen uns daher mit Beobachtungen und Erkenntnissen, die absolut rätselhaft und vielleicht sogar ihrer Natur nach unserem Geist nicht mehr zugänglich sind. So wie ein zum Leben erwecktes Strichmännchen auf einem Blatt Papier die dritte Dimension seines Zeichners nicht „verstehen" könnte.

# Vorstoß ins Unbekannte 4

**In diesem Kapitel** dringen wir tiefer ins Unbekannte vor und stellen uns Fragen, auf die es keine Antworten gibt. Wir betreten Bereiche weit außerhalb des Vertrauten und versuchen das Undenkbare zu denken. Manchmal drängen sich einem die Merkwürdigkeiten geradezu auf und dennoch spricht sie keiner an. Ein Beispiel ist die Urknalltheorie, also die Schöpfungsgeschichte der Physik. In Kapitel 2 haben wir bereits die drei wichtigsten Hinweise auf ihre Richtigkeit kennengelernt: die Galaxienflucht, die Elementverteilung und die kosmische Hintergrundstrahlung. Aber die Urknalltheorie hat einen gewaltigen Nachteil: Sie kann den Urknall nicht erklären. Man lehnt sich nicht zu weit aus dem Fenster, wenn man einer Theorie ankreidet, bei der Erklärung dessen zu scheitern, wonach sie benannt wurde.

Wir tappen außerdem bei fast schon trivialen Fragen im Dunkeln, die einem Physiker oder einer Physikerin im Beruf oder in der Forschung nie in den Sinn kämen, weil die Sachverhalte so selbstverständlich erscheinen. Die Wissenschaft hat sich daran gewöhnt und hinterfragt sie nicht mehr. Da wären zum Beispiel die vier Naturkräfte: Warum sind es vier und nicht drei oder fünf – oder eine? Oder die Anzahl der Elementarteilchen: Warum gibt es jeweils drei Arten von Elektronen, Quarks und Neutrinos? Eine einzelne würde doch auch reichen. Und wieso kommt die elektrische Ladung nur in Vielfachen der Elementarladung vor? Diese simplen Fragen werden entweder gar nicht erst gestellt oder bleiben unbeantwortet. Die Wissenschaft – abgesehen von einigen wenigen Ausnahmen – schweigt dazu. Es gibt Versuche der theoretischen Physik, eine Erklärung für die grundlegendsten Beobachtungen zu finden, aber die Modelle verlieren sich nur allzu häufig in mathematisch anspruchsvollen Abhandlungen, die auf Annahmen weit entfernt von jedweder experimentellen Prüfbarkeit basieren. Ein Beispiel wäre die Stringtheorie, die versucht, die grundlegenden Eigenschaften unserer Welt auf die Eigenschaften der Welt des ganz Kleinen zurückzuführen. Danach ist die Materie aus Strings aufgebaut, die eine Größe von rund $10^{-35}$ Metern – um etliche Faktoren kleiner als ein Atomkern – haben. Kein noch so aufwändiges Experiment könnte auch nur hoffen, ihre Existenz in absehbarer Zukunft zu beweisen oder zu widerlegen. Auf viele fundamentale Fragen gibt es also heute keine Antworten, sondern lediglich unfalsifizierbare mathematische Spekulationen.

Der Biologie ging es vor mehr als 100 Jahren ähnlich, als sie vor der Frage stand, warum es solch eine enorme Artenvielfalt auf der Erde gibt. Die Biologen sammelten zunächst alle möglichen Tiere und Pflanzen, katalogisierten und sortierten sie in eine rigide Systematik von Klassen, Ordnungen, Familien und Gattungen ein. Warum es Vögel gibt oder wieso Kamele Höcker haben, konnte man damals aber nicht erklären. Die Forscher mussten die Flora und Fauna so hinnehmen, wie sie sich ihnen präsentierte. Erst als Charles Darwin seine Evolutionstheorie aufstellte, hatte man einen naturwissenschaftlichen Ansatz, die Artenvielfalt und die Eigenschaften der Lebewesen herzuleiten: Jedes Tier und jede Pflanze ist optimal an seinen oder ihren Lebensraum angepasst, weil sie sich im Laufe der Zeit mittels evolutionärer Anpassung in alle existierenden Nischen hineinentwickelt haben. Darwins Evolutionstheorie lieferte eine grandiose Antwort auf die Warum-Fragen der Biologie.

In der Physik liegt eine solche nur für eine Handvoll eng umgrenzter Bereiche vor. Ein berühmtes Beispiel ist die Begründung für die Erhaltungssätze der Energie, des Impulses und des Drehimpulses, drei fundamentale Naturgesetze, die ohne dass es uns bewusst wäre, unseren Alltag in vielerlei Hinsicht bestimmen. Lange Zeit nahm man auch sie einfach hin – bis die heute berühmte Mathematikerin Emmy Noether herausfand, dass die drei großen Erhaltungssätze auf grundlegende Symmetrien des Universums zurückzuführen sind. Ihre komplexen Gedanken zu diesem Thema haben wir in Kapitel 2 bereits angesprochen. Es liegt vermutlich in der Natur der Dinge, dass die Begründungen für fundamentale Naturgesetze, so es sie denn gibt, schwer verständlich sind. In dem Bemühen, unsere Wirklichkeit zu verstehen, gerät nicht nur die Physik mit ihren Methoden und Techniken an ihre Grenzen, sondern auch unser Geist. Die Mathematik trägt uns weiter in den Bereich des Fremdartigen, als unsere Kognition Schritt zu halten vermag. Trotzdem versuchen wir immer noch zu „verstehen". Und das ist auch wichtig, denn nur so sind wir in der Lage, Neues zu erdenken. Wir folgen hier Albert Einstein: „Phantasie ist wichtiger als Wissen, denn Wissen ist begrenzt."

In der Beantwortung der Warum-Fragen ist die Physik also noch nicht so weit wie die Biologie, aber eine Wissenslücke teilen sie sich zumindest, denn beide Disziplinen haben ein Problem mit dem allerersten Anfang: der Entstehung des Universums und des Lebens, das es bewohnt. Wir beginnen unseren Vorstoß ins Unbekannte mit einer faszinierenden und fast schon unheimlich anmutenden Frage, nämlich der nach dem „maßgeschneiderten" Universum. Sie lässt viele Facetten des etablierten Weltbilds der Physik plötzlich rätselhaft erscheinen. Die vier heute denkbaren Antworten führen uns wieder zurück zum Urknall.

## 4.1. Das maßgeschneiderte Universum

**Neben den fundamentalen Naturgesetzen** gibt es eine ganze Reihe an Kennzahlen, die einzelne Eigenschaften des Universums festlegen. Ein bereits bekanntes Beispiel ist die relative Stärke der Naturkräfte. Unter sonst gleichen Bedingungen landet die Gravitation in dieser Rangfolge auf dem letzten Platz, während die starke Wechselwirkung an erster Stelle steht. Nun lassen sich im Computer virtuelle Universen mit veränderten Kennzahlen erschaffen. Bei diesen Simulationen kommt etwas Merkwürdiges heraus: Verschiebt man ihre Werte auch nur ein klein wenig in die eine oder andere Richtung, existiert in diesen hypothetischen Szenarien kein Leben mehr wie wir es kennen. Sie sind steril. Daraus folgt im Umkehrschluss, dass unser Universum seltsam für uns maßgeschneidert zu sein scheint. Bevor wir die möglichen Gründe für diese erstaunliche Beobachtung diskutieren, betrachten wir ein paar konkrete Beispiele genauer.

Im ersten Beispiel geht es um die starke Wechselwirkung. Wir folgen hier einer Argumentation von Professor Martin Reed, einem britischen Astronomen, die er in seinem Buch *Just Six Numbers* dargelegt hat. Er definiert die Kennzahl ε (Epsilon) als Maß für die Bindungsenergie eines Helium-Atomkerns. Letzterer besteht aus zwei Protonen und zwei Neutronen. Um ihn in seine Bestandteile zu zerlegen, ist eine Energie von rund 28 MeV (Megaelektronenvolt), einer in der Atomphysik üblichen Einheit, notwendig. Reed definiert die Stärke der starken Naturkraft als Verhältnis dieser 28 MeV relativ zur Gesamtenergie (= Masse/$c^2$) des Atomkerns, die bei 4000 MeV liegt. Damit beträgt sie $\varepsilon = 28 / 4000 = 0{,}007$. Wie würde sich nun das Universum verändern, wenn die starke Wechselwirkung einen minimal anderen Wert aufwiese?

Im Atomkern spielt noch eine zweite Naturkraft eine maßgebliche Rolle, nämlich die elektromagnetische Wechselwirkung. Einer ihrer Effekte ist, dass sich gleichnamige Ladungen, wie die beiden positiv geladenen Protonen im Heliumkern, gegenseitig abstoßen. Es besteht also ein Gleichgewicht zwischen der starken Wechselwirkung, die versucht, ihn zusammenzuhalten, und der elektromagnetischen Kraft, die versucht, ihn auseinander zu treiben. In den Kernen der schwereren Elemente befinden sich mit wachsender Ordnungszahl immer mehr Protonen, weshalb auch die elektrostatische Abstoßung zwischen ihnen zunimmt. Dadurch verschiebt sich das Kräftegleichgewicht zu Ungunsten der starken Naturkraft mit dem Ergebnis, dass schwere Kerne wie Uran und Plutonium nicht mehr stabil sind. So weit waren wir bereits.

Diese elektrostatische Abstoßung der Protonen im Atomkern ist der Grund, warum das Periodensystem der Elemente nur 81 stabile Elemente aufweist. Jenseits des Bleis, dem Kern mit den meisten Protonen, der gerade noch in Gänze durch die starke Wechselwirkung zusammengehalten wird, sind sämtliche Einträge dem radioaktiven Zerfall unterworfen. Wäre die relative Stärke der Naturkräfte zugunsten der elektromagnetischen Wechselwirkung verschoben, sänke die Stabilitätsgrenze zu Kernen mit weniger Protonen hin und das Periodensystem enthielte vielleicht nur leichte Elemente wie Kohlenstoff und Sauerstoff. In einem solchen Universum gäbe es keine Schwermetalle wie

Blei, Gold oder Platin. Im umgekehrten Fall, dass also die starke Naturkraft stärker wäre, als sie es ohnehin schon ist, existierten dagegen noch mehr stabile schwere Elemente. Uran würde keine radioaktive Strahlung abgeben, sondern stünde als normales Schwermetall neben dem Blei im Periodensystem. Das Verhältnis zwischen der starken und der elektromagnetischen Wechselwirkung bestimmt also, welche chemischen Elemente es in einem Universum gibt.

Eine Verschiebung von ε hätte aber noch weitaus schwerwiegendere Konsequenzen als nur die Anzahl der möglichen stabilen Atomkerne. Dadurch würde sich nämlich auch die „primordiale Nukleosynthese“, also die Fusionsprozesse direkt nach dem Urknall, bei denen Wasserstoff und Helium entstanden sind, drastisch verändern. Wir erinnern uns, dass es nach dem Standardmodell der Kosmologie in der extrem heißen Frühphase nur Quarks gab, die sich bald zu Protonen und Neutronen vereinigten. Erstere fingen Elektronen ein und es bildete sich Wasserstoff. Außerdem fusionierten je zwei Protonen mit zwei Neutronen zu einem Heliumkern. Deshalb sind Wasserstoff und Helium die häufigsten Elemente im Universum. Alle weiteren Atome des Periodensystems, wie Kohlenstoff, Sauerstoff und diverse Metalle, entstanden erst später durch schrittweise Fusionsprozesse auf Basis dieser beiden Grundbausteine in Sternen.

Ein in die eine oder andere Richtung verschobenes ε würde auch diese Vorgänge stark beeinflussen. Läge sein Wert zum Beispiel bei 0,006 statt 0,007, bestünde das Universum aus nichts als Wasserstoff. Dann wäre nämlich der Atomkern des Isotops Deuterium, dem ersten Schritt in der Fusionskette hin zum Helium, instabil. Das klingt vielleicht zunächst nicht schlimm – bis man bedenkt, dass dieser Prozess für das Leuchten der Sterne verantwortlich ist. Bereits nach kurzer Zeit würden in einem solchen Universum die Sonnen erlöschen und damit auch jede Chance auf Leben in unserem Sinne. Betrüge ε dagegen 0,008, gäbe es ausschließlich Helium, da der Atomkern des Isotops $^{2}$He, das in unserem Universum nicht vorkommt, plötzlich stabil wäre. Das hätte zur Folge, dass bereits kurz nach dem Urknall der gesamte Wasserstoff zu Helium fusionieren würde. Erneut wäre kein Leben, wie wir es kennen, möglich. Die Stärke der starken Wechselwirkung muss also auf 20 Prozent genau justiert sein, damit sowohl leuchtende Sonnen als auch Wasser im gleichen Universum existieren können.

Doch diese Forderung ist noch zu schwach. Denn die Entstehung von Leben benötigt außerdem Kohlenstoff. Dieses bildet sich aber in massenreichen Sternen durch die Fusion von drei Helium- zu einem Kohlenstoff-Atom. Dieser 3-Alpha-Prozess, so genannt, weil man erstere auch Alpha-Teilchen nennt, ist eigentlich recht merkwürdig. Denn zwei Heliumkerne können nicht einfach zu einem Atomkern aus vier Protonen und vier Neutronen verschmelzen, da ein solcher – es handelt sich dabei um Beryllium-8 – in unserem Universum sofort wieder zerfällt. Ohne den 3-Alpha-Prozess wäre also bereits an dieser Stelle Schluss mit der Fusion der leichten Atome aus dem Urknall zu schwereren Elementen. Durch ihn können sich aber drei Heliumkerne gleichzeitig – ohne den instabilen Zwischenschritt – zu einem Kohlenstoffkern vereinigen. In der Forschung hat der Prozess eine gewisse Berühmtheit erlangt, weil es bei genauerer Betrachtung wahnsinnig unwahrscheinlich ist, dass drei Atomkerne im selben Augenblick miteinander kollidieren – ähnlich wie ein Zusammenstoß dreier Autos auf einer Kreuzung, die aus verschiedenen Richtungen kommen. In unserem Universum gibt es aber eine Besonderheit, welche die Wahrscheinlichkeit einer Kollision erhöht: Bei genau der richtigen Energie lässt sich eine Art „Resonanz" beobachten. Aus diesem Grund müssen sich die drei Alpha-Partikel nur nahekommen und nicht genau treffen, um zu einem Kohlenstoff-Atom zu fusionieren. Dabei handelt es sich um ein Phänomen der Quantenphysik, das mit dem Wellencharakter der betreffenden Teilchen zu tun hat. Die Energie der „Resonanz", die für den Erfolg des Prozesses ausschlaggebend ist, hängt kritisch von der starken Wechselwirkung ab, also ebenfalls vom Wert von $\varepsilon$. Professor Reeds Berechnungen zufolge darf dieses nur um vier Prozent von seinem jetzigen Wert abweichen, sonst würde der 3-Alpha-Prozess nicht mehr funktionieren. Die Folge wäre, dass es sehr viel weniger Kohlenstoff – das Element des Lebens – gäbe. Erneut hätte diese Abweichung ein steriles Universum zur Konsequenz.

## Stärke der Starken Naturkraft ε = 0,007

ε = 0,006

Deuterium nicht stabil
**Nur Wasserstoff im Universum**

ε = 0,008

Di-Proton stabil ($^2He$)
**Kein Wasserstoff im Universum**

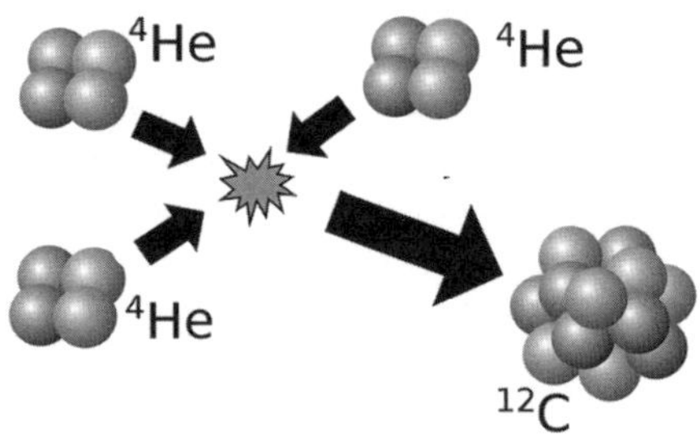


ε = 0,007

Resonanz im 3-Alpha-Prozess
**anderenfalls kaum Kohlenstoff**

Abb. 23: Eine Veränderung des Werts von ε hätte nach heutigem Wissen drastische Auswirkungen auf die Häufigkeit der chemischen Elemente. Läge er niedriger oder höher, gäbe es entweder ausschließlich oder gar keinen Wasserstoff im Universum. Kleinere Abweichungen um die 4 Prozent hätten dagegen die Existenz von sehr viel weniger Kohlenstoff zur Folge. In allen drei Fällen wäre das Universum steril.

Ähnliches wie für die starke Wechselwirkung gilt auch für die Gravitation. Unter sonst gleichen Bedingungen ist sie um den Faktor $10^{36}$ – also eine Eins mit 36 Nullen – schwächer als die elektromagnetische Naturkraft. Das lässt sich recht leicht nachvollziehen, indem man die Anziehung zwischen dem Proton und dem Elektron in einem Wasserstoffatom nach dem Newtonschen Gravitationsgesetz ausrechnet und mit der elektrostatischen Anziehung zwischen den Teilchen vergleicht. Reed kürzt den Faktor mit dem Buchstaben *N* ab. Doch diese relative Schwäche der Gravitation entspricht nicht unserer Alltagserfahrung – ganz im Gegenteil erscheint sie uns in Form der Erdanziehung als eine äußerst dominante Naturkraft. Das liegt aber nur daran, dass die Masse der Erde, die auf uns wirkt, vergleichsweise groß ausfällt. Die Anziehung zwischen kleineren Massen wie etwa den Objekten in unserer Umgebung ist dagegen vernachlässigbar gering – wir bemerken sie im Alltag gar nicht erst. Bei der Bildung der großen Strukturen im Kosmos, also bei Planeten, Sonnen, Galaxien und Galaxienhaufen, spielt die Gravitation allerdings aufgrund ihrer großen Reichweite und weil es buchstäblich kein Entrinnen vor ihr gibt, eine zentrale Rolle.

Wie sähe das Universum folglich aus, wenn die Schwerkraft stärker oder schwächer wäre? Nach den Überlegungen von Professor Reed ließe sich erst ab einer Veränderung um den Faktor 100 oder 1000 ein merklicher Effekt beobachten. Hier ist also keine so feine Justierung notwendig wie bei ε. Wäre die Gravitation erheblich stärker, hätte das für das Universum zwei Konsequenzen. Zum einen würde alles schneller gehen. Die Bildung von Sternen und Galaxien wäre erheblich beschleunigt und dauerte statt Milliarden vielleicht nur Millionen von Jahren. Auch würden die Sonnen ihren Entwicklungszyklus schneller durchlaufen. Das Resultat wäre ein Universum im Zeitraffer. Zum anderen hätte eine höhere Gravitation direkte Auswirkungen auf die Größe von Sternen, Planetensystemen und Galaxien: Alle kosmischen Objekte wären nämlich kleiner. Da sich diese im Laufe der Zeit durch eine Art Ausflockung, angetrieben durch die Eigengravitation, aus dem interstellaren Gas gebildet haben, hätte sich diese bei einer stärkeren Schwerkraft schneller vollzogen und kleinere Strukturen hervorgebracht. In Summe würden diese beiden Aspekte also zu einem hektischen Liliput-Universum führen. Da allerdings die Entwicklung des Lebens auf der Erde knapp vier Milliarden Jahre gedauert hat, gäbe es darin vermutlich keines.

## Relative Stärke der Gravitation $N = 10^{36}$

**$N = 10^{30}$**

**Gravitation stärker**

Kurzlebige Ministerne
Schnelllebige, dichte Minigalaxien
Atome, Moleküle unverändert
Kleine Lebewesen mit dicken Beinen
Keine Zeit für die Evolution

**$N = 10^{40}$**

**Gravitation schwächer**

Größere Strukturen im Kosmos
Langsamere Entwicklung
Komplexere Strukturen
Höheres Leben

Abb. 24: Eine erheblich stärkere oder schwächere Gravitation wäre mit der Existenz von Leben im Universum prinzipiell kompatibel. Allerdings gingen im ersten Fall alle Prozesse schneller vonstatten und die kosmischen Objekte fielen kleiner aus. Umgekehrt wäre im zweiten Fall mehr Zeit für die Entwicklung größerer und komplexerer Strukturen.

Eine schwächere Gravitation hätte den umgekehrten Effekt. Die Bildung von kosmischen Objekten bräuchte länger und die ausgebildeten Strukturen wären deutlich größer. Sonnen würden länger brennen und es gäbe viel mehr Zeit für die Entwicklung höheren Lebens. Hierbei stellt sich die Frage, ob sich in einem Universum mit einer schwächeren Gravitation nicht noch drastisch komplexere Organismen bilden könnten als es bei uns der Fall ist. Das Leben wäre unter Umständen in der Lage, Entwicklungsstufen zu erreichen, die wir Menschen uns nicht im Entferntesten vorzustellen vermögen.

Ein weiterer merkwürdig genau eingestellter Wert ist die Materiedichte im Universum, repräsentiert durch den Dichteparameter Ω, den wir bereits aus den beiden vorangegangenen Kapiteln kennen. Im Folgenden beschränken wir uns bei der Diskussion der möglichen Folgen seiner Verschiebung zunächst auf die Gravitationswirkung von großen Strukturen wie Galaxien und Galaxienhaufen. Wie wir wissen, dehnte sich das Universum nach dem Urknall aus. Im Laufe der Zeit entstanden Massenansammlungen, die sich eingebettet in den expandierenden Raum voneinander entfernten. Ihre gegenseitige Anziehung sollte die Ausdehnung allerdings abbremsen und je mehr Masse im Universum existiert, desto stärker der Effekt.

Gäbe es zu wenig Masse im Universum, entstünden keine kosmischen Objekte und es dehnte sich für immer in Form einer Blase aus primordialem Gas aus; gäbe es dagegen zu viel, würde seine Expansion rapide abgebremst, kehrte sich um und es käme schließlich zum Kollaps. Die Theorie errechnet eine kritische Dichte, die genau zwischen diesen beiden Extremfällen liegt, und bei der sich die Ausdehnung zwar zunehmend verlangsamt, jedoch nie zum Stillstand kommt. Der Dichteparameter – und damit sind wir bei der vollständigen Erklärung angelangt – gibt das Verhältnis der tatsächlichen Massendichte zu dieser kritischen Dichte an und sollte ungefähr bei eins liegen, damit das Universum nicht gleich wieder kollabiert, sich aber trotzdem Sterne und Galaxien bilden können. Allen Messungen zufolge ist das der Fall. Mehr noch: Nach dem Standardmodell der Kosmologie muss Ω, damit es auch heute diesen Wert haben kann, bereits im Urknall oder kurz danach mit einer Präzision von $10^{58}$ – auf 58 Stellen hinter dem Komma genau! – eins betragen haben. Dieses Maß an Präzision ist für einen frei wählbaren Parameter völlig absurd. Mit anderen Worten: Das kann kein Zufall sein.

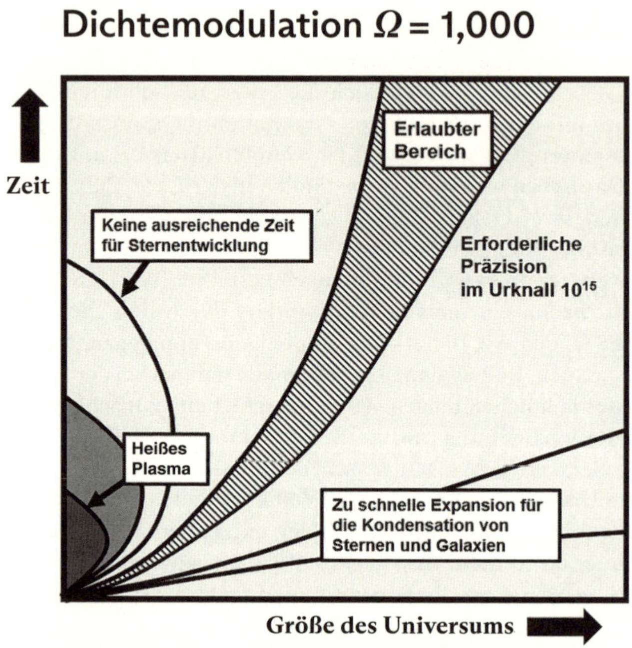


Abb. 25: Für den Dichteparameter gibt es nur einen sehr schmalen Bereich, innerhalb dessen sich Leben im Universum entwickeln kann. Im Urknall selbst muss Ω sogar mit der wahnwitzigen Genauigkeit von 58 Stellen hinter dem Komma bei eins gelegen haben.

Mit der Lösung der Physik für das Problem des merkwürdig genau justierten Dichteparameters sind wir bereits vertraut: Der Inflationstheorie zufolge soll eine extrem kurze, überlichtschnelle Expansionsphase kurz nach dem Urknall das Universum „flachgezogen“ haben. Ω landete deshalb genau auf einem Wert von eins. Doch diese Annahme erscheint ein wenig künstlich, da sich die Existenz einer solchen Phase nicht durch unabhängige Messungen bestätigen oder widerlegen lässt. Es handelt sich bei ihr um ein rein theoretisches Konstrukt. Gäbe es weitere unabhängige Beweise für die Realität der Inflation, wäre diese Lösung des Problems der „Flachheit“ überzeugender. So erinnert sie eher an unsere Fabel von der Zivilisation in der Dunkelwolke, deren Physikerinnen und Physiker ähnlich verzweifelte Versuche unternehmen mussten, um ihre Urloch-Theorie zu retten. Vielleicht fand die Inflationsphase tatsächlich statt. Aber möglicherweise ist dieser so erstaunlich präzise justierte Dichteparameter auch ein Hinweis auf eine neue Physik oder sogar eine neue Wirklichkeit jenseits der Grenzen unseres Wissens.

Eine weitere wichtige Kennzahl unseres Universums ist die kosmologische Konstante. Sie hat bereits eine lange Geschichte hinter sich, die noch vor der Entwicklung des Urknallmodells begann. Vor mehr als hundert Jahren dachte man, das Universum müsse ewig sein. Dieses Konkurrenzmodell zum Urknall wurde Gleichgewichtstheorie genannt, weil man annahm, der Kosmos befände sich in einem stabilen Zustand ohne Beginn oder Ende. Die Ewigkeit ist in einem Universum voller Sterne allerdings schwer zu realisieren, denn letztere verbrauchen konstant Energie. Wo sollte diese herkommen und wo sollte sie hingehen? Würden die Sonnen ewig leuchten, müsste das Universum langsam immer wärmer werden. Albert Einstein hatte bei der Entwicklung seiner Theorie der Gravitation außerdem herausgefunden, dass ein kosmisches Gleichgewicht nicht stabil sein kann, weil sich die Galaxien gegenseitig anziehen. Im Laufe der Zeit müssten sie sich also zu einer einzigen Riesengalaxie verdichten und die gesamte Raumzeit um sich herum krümmen. Einstein war zunächst Anhänger der Gleichgewichtstheorie und führte sogar eine Antigravitation in seine Formeln ein, um diese Vorstellung vor dem Gravitationskollaps zu bewahren. In der Mathematik ist es simpel, solche Korrekturen vorzunehmen. Die Antigravitation war einfach ein weiterer Term in seinen Differenzialgleichungen, um die Dynamik des Universums zu beschreiben, und er taufte diesen neu erfundenen Parameter auf den Namen „kosmologische Konstante". Man kürzt sie üblicherweise mit dem griechischen Großbuchstaben $\Lambda$ (Lambda) ab. Auch bei ihr handelte es sich um einen typischen „Flicken", der ad hoc, also plötzlich und ohne experimentelle Belege, in eine fehlerhafte Theorie – hier die Gleichgewichtstheorie – eingefügt wurde, um diese zu retten.

Die kosmologische Konstante erübrigte sich nach der Entdeckung der Galaxienflucht und der Entwicklung der Urknalltheorie zunächst. Das Universum ist demzufolge instabil und fliegt auseinander – die Gravitation kann dabei höchstens bewirken, dass sich die Expansion verlangsamt. Eine Antigravitation schien vorerst nicht mehr notwendig, bis man vor rund 20 Jahren entdeckte, dass sich die Ausdehnung seit einigen Milliarden Jahren wieder beschleunigt. Das war im Rahmen der etablierten Urknalltheorie absolut undenkbar, da ein solcher Vorgang Energie benötigt. Und diese müsste die Wirkung einer Antigravitation haben.

In Einsteins Gleichungen zur Dynamik des Universums kam der kosmologischen Konstante genau dieser Effekt zu. Also führte man Λ kurzerhand wieder ein. Die theoretische Physik hat keine Probleme damit, ihre Formeln durch Korrekturen dieser Art den experimentellen Daten anzupassen. Nur fehlt dann manchmal eine plausible Erklärung. In diesem Fall muss die Antwort auf die Frage, was eine Antigravitation verursacht, vorerst „Dunkle Energie" lauten. Genau wie die wieder eingeführte kosmologische Konstante dient sie ebenfalls als Flicken für die Urknalltheorie, denn bisher gibt es noch keine überzeugende Erklärung dafür, um was es sich bei ihr genau handeln könnte. Einem Vorschlag zufolge ist sie eine inhärente Eigenschaft unseres Vakuums, so etwas wie eine in die Raumzeit eingebaute Tendenz derselben, sich auszudehnen.

Aus der gemessenen Beschleunigung der Expansion und einigen anderen, indirekten Daten lässt sich die Energiedichte der Dunklen Energie abschätzen. Demzufolge stecken rund drei Gigaelektronenvolt (GeV) in einem Kubikmeter Vakuum, was in etwa der Masse von drei Wasserstoffatomen entspricht. Um diese Zahlen ein wenig ins Verhältnis zu setzen: Ein Kubikmeter Vakuum entfaltet also eine Antigravitationswirkung, die so schwach ist, wie die Gravitationswirkung von drei Wasserstoffatomen. Entsprechend klein fällt der Wert der kosmologischen Konstante von $1{,}1 \times 10^{(-52)} m^{(-2)}$ in Einsteins Formalismus aus. Deshalb konnte sie auch anfangs durch die Anziehung der in die Raumzeit eingebetteten Galaxien kompensiert werden. Solange die Materiedichte im Universum nicht zu stark abgesunken war, bremste die Gravitationswirkung der großen Strukturen die Expansion noch ab. Als aber immer mehr Raum zwischen den Galaxien hervorquoll, wurde die Antigravitationswirkung der Raumzeit schließlich dominant und das Universum begann, sich wieder schneller auszudehnen. Ab hier setzt eine Rückkopplungsschleife ein: Mehr Vakuum hat eine stärkere Expansion zur

Folge, welche wiederum mehr Raumzeit gebiert. Das Universum wird sich in Folge immer schneller ausdehnen, bis schließlich nur noch vereinzelte Galaxien in einer Unendlichkeit leeren Raums existieren. Das scheint, dem heutigem Kenntnisstand nach, sein Schicksal zu sein.

Der Wert der kosmologischen Konstanten ist eine weitere Kennzahl, die darüber entscheidet, ob das Universum bewohnbar ist oder nicht. Wäre $\Lambda$ sehr viel größer – also zum Beispiel um das Zehnfache –, dann hätte die Expansion so rasch überhandgenommen, dass es nie zur Bildung von kosmischen Objekten und dadurch auch zur Entstehung von Leben in unserem Sinne gekommen wäre. Umgekehrt könnte die kosmologische Konstante negativ sein, was der Wirkung einer stärkeren Gravitationsanziehung zwischen den Galaxien entspräche. Die Ausdehnung wäre dann rasch abgeflaut und das Universum nach der zwangsläufigen Umkehr wieder implodiert. Seine Lebensdauer hätte dann vielleicht nicht für die Entwicklung von komplexen Organismen ausgereicht. Auch die kosmologische Konstante ist also in unserem Universum fein auf einen hinreichend niedrigen Wert justiert, so dass gute Chancen für die Entstehung von Leben bestehen.

**$\Lambda$ positiv, aber kleiner oder gleich Null**
keine Änderung außer in der
langfistigen Entwicklung des Universums

**$\Lambda$ positiv und erheblich größer**
Vakuumfluktuationen lassen viel größere $\Lambda$ erwarten.
Zu großes $\Lambda$: keine Galaxien, kein Leben in unserem Sinn.

**$\Lambda$ negativ und zehnmal größer**
Starke Gravitationswirkung, Universum geschlossen.

Abb. 26: Die kosmologische Konstante muss sehr klein oder gleich null sein, damit sich in einem Universum Leben wie wir es kennen entwickeln kann. Ist sie zu groß, beschleunigt die Expansion zu schnell und es bilden sich keine Sterne und Galaxien; Ist sie zu stark negativ, kollabiert das Universum zu rasch wieder.

Die kosmologische Konstante hat keine Entsprechung in der Realität. Es gibt keinen physikalischen Effekt der Antigravitation.

Wir sprechen zwar von Dunkler Energie, die eine antigravitative Wirkung hervorruft, als ob sie wirklich existierte, aber letztlich handelt es sich dabei nur um einen theoretischen Fachbegriff, dem nichts in der Wirklichkeit zugeordnet werden kann. Wobei das vielleicht nicht ganz stimmt. In Kapitel 2 hatten wir dem Vakuum unter anderem Energie und Druck zugeschrieben. Die Ursache dafür waren die Vakuumfluktuationen der Quantenfelder. Prinzipiell wären diese vielversprechende Kandidaten für eine Erklärung der beschleunigten Expansion des Universums. Wie wir im letzten Kapitel gesehen haben, gibt es dabei nur ein Problem, und zwar ein recht massives: Wird der durch die Vakuumfluktuationen hervorgerufene Druck zur Berechnung der kosmologischen Konstanten herangezogen, kommt ein Wert heraus, der um den Faktor einer Eins mit 120 Nullen zu groß ist. Denken Sie an die größte Zahl, die Sie zuletzt im Alltag gehört haben und Ihnen sei garantiert, dass diese angesichts solcher Dimensionen völlig verzwergt. Würden die Vakuumfluktuationen tatsächlich auch im Universum eine antigravitative Wirkung entfalten, wäre es kurze Zeit nach dem Urknall auseinandergeflogen. Also können sie nicht die Ursache der beschleunigten Expansion sein. Allerdings stellt sich dann die Frage: Warum nicht? Sie existieren messbarerweise und produzieren einen Druck, der unter bestimmten Umständen eine der Antigravitation ähnliche Wirkung hat. Weshalb wirkt er nicht? Das Rätsel der kosmologischen Konstante bleibt weiterhin ungelöst.

Mit anderen Worten: Die Physik hat nicht den leisesten Schimmer, um was für eine Substanz es sich bei der Raumzeit handelt. Das Vakuum ist ein kompliziertes „Etwas", zu dem unter anderem diverse Quantenfelder beitragen. Aber das kann nur ein kleiner Teil der Wahrheit sein. Es geht uns wie dem Fisch, der zum ersten Mal bemerkt, dass Wasser um ihn herum ein „Etwas" ist, in dem er zwar lebt, aber das er bisher nicht als solches wahrgenommen hat. Immerhin sind wir mittlerweile an diesem Punkt angelangt. Wir haben gelernt, dass die Raumzeit hauptsächlich aus Dunkler Materie und Dunkler Energie besteht – von denen wir nur leider keine Ahnung haben. Dann gibt es außerdem eine Art Antigravitation, von der uns ebenfalls jede Vorstellung fehlt, woher sie kommen könnte. Und schließlich sind da noch die Vakuumfluktuationen, die zwar von der Quantentheorie richtig beschrieben werden, deren Realität uns aber nicht minder mysteriös erscheint. Wir können die Raumzeit mit beliebigen Namen versehen, sei es „Vakuum“ oder „rätselhaftes Gewebe der Wirklichkeit“ – vielleicht übersteigt ihre Natur schlichtweg den Horizont der menschlichen Erkenntnisfähigkeit.

Wir haben bisher mehrere Naturkonstanten und Kennzahlen der Naturgesetze, deren Veränderung für das Universum und daher auch das Leben drastische Konsequenzen hätte, gesehen. Abschließend soll aus dieser Menge, den Ideen von Professor Reed folgend, noch eine letzte genauer diskutiert werden, die ebenfalls aus unbekannten Gründen maßgeschneidert zu sein scheint. Wir sind bei der Bildung von Sternen, Galaxien und Galaxienhaufen. Mittlerweile ist uns klar, dass das Universum bei seiner Geburt mit einem heißen Gas, das hauptsächlich aus Wasserstoff und Helium bestand, angefüllt war. Daraufhin verdichtete sich dieses allmählich zu den kosmischen Strukturen, die wir heute beobachten können. Aber warum sollte es das getan haben? In jedem anderen Raum würde sich ein Gas immer weiter ausbreiten und über das gesamte Volumen verteilen.

Die Ursache dafür wurde in Computersimulationen genauer untersucht, mit dem Ergebnis, dass es schon von Beginn an Abweichungen in der Verteilung des Gases, also Zonen mit einer höheren und niedrigeren Dichte gegeben haben muss, sonst hätten sich keine Galaxien und Galaxienhaufen bilden können. Diese initialen Dichteschwankungen konnte die Gravitation dann über die Jahrmillionen verstärken. Dort wo sich mehr Gas befand, zog die höhere Schwerkraft noch mehr Gas an. Umgekehrt wurden die weniger dichten Bereiche von den dichteren quasi leergesogen. Aus ihnen entstanden die Voids, die gigantischen Leerräume im Universum. Den Computersimulationen zufolge genügten bereits geringfügige Dichteunterschiede von $10^{-4}$ bis $10^{-5}$, also dem Zehntel oder Hundertstel eines Promilles, nach der Geburt des Universums, um den Prozess der Galaxienbildung in Gang zu setzen. Hätte es sie nicht gegeben, wäre das fast gleichmäßig verteilte Gas nicht über Hunderte von Jahrmillionen in kosmische Strukturen ausgeflockt. Wir wollen die Kennzahl dieser Dichteschwankung Q nennen.

Mit entsprechenden Geräten lässt sich die Dichtemodulation des heißen Gases im frühen Universum messen. Die kosmische

Hintergrundstrahlung stammt aus einer Zeit ungefähr 400.000 Jahre nach dem Urknall, als das heiße Gas durchsichtig wurde. Wenn wir mit Hilfe von Teleskopen so weit blicken, wie es nur irgendwie geht, schauen wir in 13,7 Milliarden Lichtjahren Entfernung von außen auf die Oberfläche des Plasmas, das damals das Universum ausfüllte. Wenn es zu diesem frühen Zeitpunkt Dichteschwankungen gegeben hat, dann müssen sich diese auf der Himmelskarte der kosmischen Hintergrundstrahlung als wärmere und kältere Zonen abzeichnen. Andernfalls wäre das Urknallmodell falsch. Die Temperatur der Strahlung liegt mit durchschnittlich 2,725 Grad Kelvin nur knapp über dem absoluten Nullpunkt und sie variiert lediglich 0,002 Grad, also rund ein Tausendstel, um diesen Wert herum. Aus diesen Messungen lässt sich *Q* errechnen. Es ergibt sich ein Wert von $7 \times 10^{(-5)}$ in guter Übereinstimmung mit den Erwartungen.

Eine erheblich geringere Modulation wäre für die Astrophysik ein großes Problem. Wenn die Dichte im heißen Gas des frühen Universums um weniger als $10^{-6}$ geschwankt hätte, gäbe es nach dem heutigen Stand des Wissens keine Sterne und Galaxien. Wäre der Wert hingegen etwas sanfter nach unten verschoben, hätte sich die Materie stattdessen sehr langsam verdichtet und nur verdünnte kosmische Strukturen hervorgebracht. Dann müssten viele Sonnen einsam ihre Bahnen durch das All ziehen, da die Sternasche, welche die schwereren chemischen Elemente enthält, aus den spärlichen Gebilden hinausgetragen worden wäre. Eine umgekehrt deutlich stärkere Dichtemodulation hätte zu einer raschen und turbulenten Galaxienbildung geführt. Außerdem gäbe es so viele Sterne, dass die Bahnen der sie umkreisenden Planeten meist instabil wären, ähnlich wie im Zentrum unserer Milchstraße, wo sich die dicht aneinandergereihten Sonnen durch ihre Gravitation regelmäßig die Planeten aus dem Orbit werfen. Mit diesem intensiven Ausflocken der Materie entstünden in der Folge Schwarze Löcher von der Größe ganzer Supercluster – regelrechte Monster, die große Teile der Materie von Galaxien absorbieren würden. Es wäre ein wilder und zerstörerischer Kosmos. Sowohl zu große als auch zu kleine anfängliche Variationen der primordialen Gasdichte hätten also ein völlig lebensfeindliches Universum zur Konsequenz.

## Dichtemodulation der kosmischen Hintergrundstrahlung $Q=10^{-5}$

**Q kleiner als $10^{-5}$**

Aggregeation dunkler Materie langsam.
Galaxien verdünnt, Sternbildung schwach und ineffizient.
Sternasche wird aus Galaxien herausgeblasen.

**Q kleiner als $10^{-6}$**

Dunkles Universum, keine Sternbildung.

**Q kleiner als $10^{-4}$**

Universum dicht, turbulent und zerstörerisch.
Mega-Galaxien, kaum stabile Planetenbahnen.
Schwarze Löcher in der Größe von Superhaufen.

Abb. 27: Das anfänglich gleichmäßig im Universum verteilte Gas verdichtet sich im Laufe der Jahrmillionen zu Galaxien und Sternen. Der Prozess kann nur beginnen, wenn in einem frühen Stadium bereits Dichteunterschiede herrschen. Die Temperaturschwankungen der kosmischen Hintergrundstrahlung sind ein Abbild dieser Modulationen. Wären sie zu gering, bliebe das Universum dunkel oder es bildeten sich nur verdünnte Galaxien mit wenigen Sternen; wären sie dagegen zu stark, würde die Galaxien- und Sternbildung turbulent und zerstörerisch. Auch gäbe es gigantische Schwarze Löcher.

Die Dichteschwankungen im frühen Universum sind also unerlässlich für die Ausbildung von Sternen und Galaxien sowie letztlich auch für die Entwicklung von Leben. Ihre Ursache ist jedoch unklar. Unmittelbar nach dem Urknall war das Universum extrem heiß und die Materie dicht gepackt. Danach kam die Phase der Inflation, in der es „flach gezogen" und homogen wurde. Wieso aber nach 400 000 Jahren diese großräumigen Dichteschwankungen übrigblieben, weiß man nicht. Ein Erklärungsversuch begründet sie mit Quantenfluktuationen in der Inflationsphase. Um diesen auszuarbeiten wäre allerdings eine Quantentheorie der Gravitation notwendig, die wir bisher nicht haben. Daher bleiben die für uns so wichtigen Prozesse im frühen Universum eine Domäne von schwach unterfütterten Modellen, deren Aussagen weder experimentell bestätigt noch widerlegt werden können. Doch selbst wenn es einmal eine plausible Erklärung für die Dichteschwankungen gäbe, fehlte trotzdem eine

Begründung, warum sie genau die Größe haben, die unsere Existenz ermöglicht.

**Zusammenfassung: Das maßgeschneiderte Universum**
Unser Universum scheint für die Entstehung von Leben maßgeschneidert zu sein, weil etliche Kennzahlen und Naturkonstanten dafür genau die richtigen Werte aufweisen. Da ist zunächst die starke Wechselwirkung: Verschiebt man sie mehr als nur ein paar Prozent nach oben oder unten, gibt es entweder ausschließlich oder gar kein Wasserstoff im Universum, von schwereren Elementen ganz zu schweigen. Mit einer signifikant schwächeren Gravitation wäre der Kosmos dunkel, mit einer signifikant stärkeren dagegen verzwergt und rasend schnell. Auch die Materiedichte muss sehr genau der kritischen Dichte entsprechen, sonst würde das Universum entweder kollabieren oder sich zu schnell ausbreiten. Ähnliches gilt für die kosmologische Konstante, wenngleich bei ihr der Spielraum etwas größer ist. Schließlich darf die Stärke der Dichtemodulation im frühen Universum nicht zu klein sein, da sich sonst keine Sterne und Galaxien ausbilden könnten, und nicht zu groß, da es in diesem Fall keine Planeten auf stabilen Umlaufbahnen gäbe. Das war nur eine kleine Auswahl der Eigenschaften des Universums, die extrem genau abgestimmt sein müssen, damit das Leben eine Chance hat. Warum ist das so?

## 4.2. Vier Antworten auf die „Warum-Frage"

**Die oben aufgeführten Beispiele** illustrieren, was mit einem maßgeschneiderten Universum gemeint ist. Es gibt noch mehr Kennzahlen und Naturkonstanten, die anders sein könnten, und das Ergebnis fällt immer gleich aus: In einem nur geringfügig veränderten Universum wäre kein Leben in unserem Sinn möglich. Ausschließlich diejenigen Werte, die wir faktisch beobachten, sind eine angemessene Grundlage für dessen Entstehung. Warum? Vier Antworten sind denkbar: Zunächst könnte es natürlich reiner Zufall sein; Manche plädieren dagegen für die Existenz eines Schöpfers; Andere schlagen vor, dass es viele Universen gibt, von denen nur eine Handvoll bewohnbar sind; Wieder andere gehen schließlich davon aus, dass es übergeordnete, bisher unentdeckte Naturgesetze gibt. Wir wollen diese Erklärungsansätze der Reihe nach durchgehen und ein wenig näher unter die Lupe nehmen.

### Es ist Zufall

Die erste denkbare Antwort ist unbefriedigend, aber nicht notwendigerweise falsch, denn das maßgeschneiderte Universum könnte tatsächlich zufällig entstanden sein. Ihre Plausibilität hängt stark davon ab, wie genau die Justierung sein muss, um Leben zu ermöglichen. Ein Beispiel: Wenn wir mit drei Würfeln drei Einsen werfen, dann würden wir uns mit der Begründung, dass es reines Glück sei, noch zufriedengeben. Bei sechs Würfeln und sechs Einsen wären wir vielleicht schon etwas nachdenklicher, aber wahrscheinlich trotzdem von der Erklärung überzeugt. Wenn wir nun jedoch zwanzig Würfel werfen und dabei zwanzig Einsen auftauchen, würden wir ziemlich sicher zu dem Schluss kommen, dass die Würfel gezinkt seien. Das sieht nicht nach Zufall aus. Der letzte Versuch entspricht der Forderung, dass zwanzig Kennzahlen des Universums in einen engen Wertebereich fallen müssen, damit es uns geben kann. Hier wären aber auch mehr Ergebnisse als die sechs Seiten eines Würfels möglich, sondern theoretisch unzählige. Der Naturwissenschaftler wird an dieser Stelle neugierig und versucht, die Dinge genauer zu untersuchen. Eventuell verbirgt sich hinter dem Resultat mehr als reines Glück. Und in der Vergangenheit war es meistens auch so. Die Naturwissenschaft glaubt nicht an Zufälle auf dieser Skala.

### Es gibt einen Schöpfer

Die zweite mögliche Antwort könnte ebenfalls richtig sein, aber sie ist nicht der Weg, den die Naturwissenschaft geht. Alle rätselhaften Phänomene lassen sich mit göttlichem Wirken erklären. So glaubten die Menschen im Mittelalter, die Pest sei die Strafe Gottes für ihre Sünden. Heute wissen wir, dass es sich bei ihr um ein Bakterium handelt, das man mit Antibiotika bekämpfen kann. Die Bewegung der Himmelkörper wird nicht von höheren Mächten kontrolliert, sondern durch die Keplerschen Gesetze geregelt, die ihrerseits auf dem Naturgesetz von der Erhaltung des Drehimpulses beruhen. Unsere Naturwissenschaft ist stets auf der Suche nach einer weltlichen Erklärung und bisher hat sie immer eine gefunden. Erst wenn sie scheitert, steht die Möglichkeit im Raum, eine übernatürliche, vielleicht sogar spirituelle Quelle in Erwägung zu ziehen.

Eventuell ist bei diesem Thema die folgende Sichtweise hilfreich: Es sieht ganz so aus, als kämen wir Menschen auch ohne göttliche Hilfe bereits recht weit. Unser Ziel sollte es sein, die Natur zu erforschen und unseren Horizont immer mehr zu erweitern, um irgendwann die Realität in all ihren Facetten zu verstehen. Im Verlauf dieses Prozesses offenbart sich uns dann vielleicht eine höhere Ebene. Vermutlich findet sich auch eine weltliche Erklärung für unser maßgeschneidertes Universum. Diese wird aber, aller Wahrscheinlichkeit nach, unseren Horizont ganz gewaltig erweitern und unserer Weltbild revolutionieren. In die bisherige Vorstellung der Physik passt sie jedenfalls nicht hinein.

**Es gibt viele Universen**

Die dritte Antwort scheint auf den ersten Blick verblüffend plausibel. Ihr zufolge gibt es mehrere Universen, von denen einige bewohnbar sind und andere nicht. Das wäre dann so ähnlich wie bei den Planeten: Inzwischen wissen wir, dass die meisten Sterne in unserer Nachbarschaft nicht allein durch das All fliegen, aber genau wie in unserem eigenen Sonnensystem sind die meisten ihrer Planeten recht lebensfeindlich. Im Falle von Universen steht diese Möglichkeit ebenfalls im Raum. Entsprechend den oben angeführten Analysen wären vermutlich nur wenige von ihnen bewohnbar, doch unseres gehörte eben dazu. Diese Vorstellung ist allerdings nicht ohne Probleme. Denn im etablierten Weltbild der Physik kommt das Wort „Universum“ nicht im Plural vor und es kann auch nichts „außerhalb“ davon geben.

Wenn es mehrere Universen gibt, wo befinden sie sich dann? Auf diese Frage sind wiederum zwei Antworten denkbar. Die eine ist das sogenannte Megaversum. Nach dieser Anschauung leben wir nur in einem kleinen Teil eines eigentlich viel größeren Universums, in dem etliche andere Räume mit unterschiedlichen Naturgesetzen existieren. Dann wäre der uns zugängliche Bereich eine Art Biotop ähnlich einen Gartenteich, in dem zufällig für das Leben besonders günstige Bedingungen herrschten. Im gesamten

Megaversum kämen die vielfältigsten Areale wie Klimazonen auf der Erde vor, nur dass die Unterschiede zwischen ihnen deutlich fundamentalere Eigenschaften betreffen würden: In manchen Bereichen gäbe es vielleicht keine Atome, in anderen wäre der Raum dicht mit Eisenkugeln angefüllt und wieder andere bestünden aus gigantischen Ansammlungen Schwarzer Löcher.

Dass das Universum viel größer sein muss als der uns aufgrund der begrenzten Lichtgeschwindigkeit zugängliche Teil, folgt bereits aus der Theorie der Inflation. In der Kosmologie wird allgemein akzeptiert, dass es diese überlichtschnelle Phase der Expansion kurz nach dem Urknall gegeben hat. Die Raumzeit ist, wie wir bereits gesehen haben, bis zum äußersten Rand des uns zugänglichen Bereichs hin flach. Dieser Umstand könnte darauf hindeuten, dass sich das Universum tatsächlich mindestens um den Faktor 100 weiter erstreckt als bislang angenommen. In einem Megaversum sollten sich über gewaltige Distanzen hinweg auch die Naturgesetze und Naturkonstanten verändern. Unser Universum wäre in dieser Vorstellung nur eine von vielen Blasen mit unterschiedlichen Eigenschaften.

Eine Modellvorstellung, die diese ungeheure Hypothese unterstützt, ist die Stringtheorie. Sie macht Annahmen über die Struktur der Raumzeit, die beliebige Universen mit beliebigen Naturgesetzen erlauben. Leonard Susskind beschwört diese Vision in seinem Buch *Die Kosmische Landschaft* mit beeindruckender Überzeugungskraft. Das wäre zumindest eine plausible Erklärung für unser maßgeschneidertes Universum: Wir befinden uns in einem der wenigen bewohnbaren Subareale eines eigentlich viel größeren Gebildes.

Uns liegen also Indizien vor, dass das Universum hundertmal größer ist als die uns zugängliche Raumkugel mit ihrem Radius von 13,7 Milliarden Lichtjahren. Allerdings bildet die Unveränderlichkeit bestimmter Eigenschaften der Natur einen Grundpfeiler der modernen Physik. Sollten sich diese Naturkonstanten über Raum und Zeit ändern können, hätte das eine Revolution des wissenschaftlichen Weltbilds zur Folge. Einige Forschende suchen bereits nach Hinweisen auf solche Variationen innerhalb der Kennzahlen des Universums. Beispielsweise beschäftigt sich die Arbeitsgruppe um Professor John Webb in Sydney mit der Feinstrukturkonstanten $\alpha$, einem Maß für die

Stärke der elektromagnetischen Naturkraft. Ihre Daten weisen darauf hin, dass diese zwar über die Zeit konstant ist, aber in bestimmten Zonen des Universums einen geringfügig anderen Wert als auf der Erde annimmt. Die Abweichung beträgt nur $10^{-5}$, also ein Hundertstel Promille, liegt damit jedoch deutlich über der Messungenauigkeit der verwendeten Methode. Ein realer Befund würde eine wissenschaftliche Sensation bedeuten und eine Neuevaluation von zumindest Teilen der Physik nach sich ziehen. Die Daten sind allerdings hochumstritten, denn bei solchen hochkomplexen Messungen besteht immer die Möglichkeit von Fehlern.

Es gibt noch eine zweite, relevante Klasse von Daten. Diese deuten darauf hin, dass die Expansionsgeschwindigkeit der Raumzeit in Abhängigkeit von der Richtung, in die wir mit unseren Teleskopen schauen, variiert. Entsprächen sie der Wahrheit, würde dies heißen, dass die Ausdehnung des Universums in verschiedenen Gebieten der uns zugänglichen Raumkugel unterschiedlich schnell ist. Um das zu festzustellen, gilt es sehr genaue Messungen der Rotverschiebung von Galaxien und deren Entfernungen durchzuführen. Auch hier besteht selbst bei größter Sorgfalt die Möglichkeit, dass sich Fehler einschleichen. In beiden Fällen, der Variation der Feinstrukturkonstanten und der Variation der Ausdehnungsgeschwindigkeit, haben wir es mit einer sogenannten Anisotropie des Universums zu tun. Das bedeutet, dass dessen Eigenschaften in verschiedenen Richtungen unterschiedlich ausfallen.

Auch diese Befunde haben das Potenzial, das Weltbild der Physik zu revolutionieren. Denn die Gleichförmigkeit – fachsprachlich: die Homogenität und Isotropie – des Raums sind Grundannahmen des Urknallmodells. Es bleibt abzuwarten, ob andere Forschungsgruppen diese ersten Ergebnisse bestätigen können. Ein Detail macht allerdings besonders nachdenklich: Die Abweichungen der Expansionsgeschwindigkeit und der Feinstrukturkonstanten treten in den gleichen Raumrichtungen auf. Das weist darauf hin, dass unser Universum wirklich in gewissem Sinne eine „Schlagseite“ hat.

Enthüllungen dieser Art sind doppelt verblüffend: Durch die Inflation ist unser Universum möglicherweise hundertmal größer als der uns zugängliche Bereich. Bisher ging man davon aus, dass die Kennzahlen selbst über diesen gewaltigen Raum hinweg allenfalls in geringem Maße variieren würden. Daher schätzte man die Chance, eine Veränderung bei einer der Kennzahlen zu entdecken, von vorneherein als recht gering ein. Diese dürften, wenn überhaupt, erst am Rand der hundertmal größeren Raumkugel auftreten, da die Inflation alle Unterschiede im Kernbereich eingeebnet haben sollte. Wenn es in unserem vergleichsweise winzigen Bereich überhaupt Schwankungen gäbe, wären diese aller Wahrscheinlichkeit nach klein und kaum messbar. Nun deutet sich aber an, dass experimentell nachweisbare Variationen in den Eigenschaften unseres Universums existieren. Sollten sich diese Messergebnisse bestätigen, könnte die ungeheure Vision eines Megaversums tatsächlich der Wahrheit entsprechen. In diesem Fall hätten wir eine plausible Erklärung für die unwahrscheinlich genaue Justierung des Universums auf die Bedürfnisse des Lebens.

Abgesehen davon hat die Wissenschaft aber noch einen zweiten Vorschlag für die Realisierung multipler Universen parat. Hier wird es nun richtig schräg. Die Rede ist von Paralleluniversen, die unserem so benachbart sind wie die Seiten in einem Buch. Unsere vierdimensionale Raumzeit wäre demzufolge nur eine dünne Scheibe in einem mehrdimensionalen Hyperraum. Auch diese Vorstellung entspringt dem Unvermögen der Physik, die maßgeschneiderten Eigenschaften der Natur zu erklären. Statt an verschiedenen Orten in einem gewaltigen Riesenuniversum, sind die abweichenden Kennzahlen direkt neben uns in anderen Dimensionen verborgen. Die Mathematik hat keine Probleme, solche Einfälle in elegante Formeln zu gießen. Es ist nur unser Geist, der diese Regionen der Wirklichkeit, so sie denn existieren, nicht erfassen kann. Obwohl Paralleluniversen eher im Bereich der Science-Fiction angesiedelt sind, lassen sich doch einige Aspekte aus Sicht der etablierten Physik diskutieren.

In erster Linie drängt sich die Frage auf, warum wir von der Existenz dieser Paralleluniversen, sollte es sie geben, noch nichts bemerkt haben. Sie lässt sich jedoch sehr gut im Rahmen des aktuellen Weltbildes beantworten: Denn alles, was uns an Messinstrumenten und -methoden zur Verfügung steht, ist seinerseits Teil der vierdimensionalen Raumzeit. Ähnliches gilt für die Elementarteilchen, Naturkräfte, Naturgesetze und Naturkonstanten –

kurz, alle Dinge, die unser beobachtbares Universum ausmachen. Es gibt nichts, das aus der vierdimensionalen Raumzeit herausreicht. Daher können wir auch grundsätzlich nicht wissen, ob etwas außerhalb dieses Gewebes existiert, insbesondere nicht, ob es andere, benachbarte Gewebe gibt.

Die einzige Naturkraft, die vielleicht eine Wirkung über die Grenzen der Raumzeit hinaus entfalten könnte, ist die Gravitation. Es wäre denkbar, dass die Schwerkraft eine Wechselwirkung mit benachbarten Universen erlaubt. Entspräche das der Wahrheit, dann sollte es innerhalb unserer Raumzeit Veränderungen der Gravitation geben, deren Ursache außerhalb liegt. Für uns, die wir aber Teil von ihr sind, wären diese Schwankungen unerklärbar. Solche Phänomene der Schwerkraft kommen in der Tat vor und wir haben sie bereits kennengelernt: die Wirkungen der Dunklen Materie. Allerdings ist es nach dem heutigen Stand des Wissens wahrscheinlicher, dass es sich bei ihr um eine unentdeckte Komponente unseres eigenen Universums handelt, und nicht um einen fremden Einfluss von jenseits seiner Grenzen. Doch unerklärliche Abweichungen von der bekannten Physik – und die Gravitationswirkung der Dunklen Materie ist eine solche – bergen stets das Potenzial in sich, unser Weltbild drastisch zu erweitern.

Die mögliche Existenz höherer Raumdimensionen und paralleler Universen ist ein Aspekt der Stringtheorie. Dort spricht man von sogenannten „Branes“, abgeleitet vom englischen Wort für „Membran“. Ein Universum wie unseres wäre danach eine Art niedrigdimensionale Scheibe in einem höherdimensionalen Raum. Elementarteilchen sind Anregungszustände, die Strings, dieser Brane und können sie nicht verlassen. Deshalb sind beispielsweise Photonen fest an die Raumzeit gebunden. Das liefert gleichzeitig den Grund, weshalb wir mit Teleskopen nicht über unser Universum hinausschauen können: Unsere Beobachtungsfähigkeit ist über die Lichtteilchen auf diejenige Raumzeit beschränkt, deren Teil sie sind.

Abb. 28: Visualisierung des Konzepts, dass unser dreidimensionaler Raum nur eine dünne Scheibe (in der Stringtheorie eine „Brane") in einem höherdimensionalen Gebilde ist. Da alles in unserer Welt der Raumzeit zugehört, sind wir außerstande zu wissen, ob es eine Wirklichkeit über sie hinaus gibt. Nur die Gravitation könnte, so zumindest die Idee einiger Theoretiker, eine Wirkung über die eigene Brane hinaus entfalten.

Ein noch weniger fassbares Phänomen als die Wirkung der Dunklen Materie ist die Quantenteleportation. Sie wird im nächsten Kapitel näher diskutiert und liefert einen vergleichsweise stichhaltigen Hinweis auf die Existenz höherer Raumdimensionen. Aber auch bei ihr handelt es sich letztlich nur um Spekulation.

**Es gibt übergeordnete Naturgesetze**

Die vierte und letzte mögliche Erklärung für unser seltsam maßgeschneidertes Universums sind höherstufige Naturgesetze, die wir bisher noch nicht entdeckt haben. Häufig, wenn etwas auf merkwürdige Weise geordnet aussieht, steckt eine Regel dahinter. Ein Beispiel wäre die Oberfläche des Wassers. Bei Windstille ist sie auf atomarer Ebene glatter als alles, was der Mensch mit Maschinen zu bewerkstelligen vermag. Man könnte fast auf die Idee kommen, dass sie mit Hilfe einer überragenden Technologie so perfekt hergerichtet wurde. Aber tatsächlich ist es nur eine Kombination der Faktoren Schwerkraft und Flüssigkeit. Das

Wasser wird von selbst glatt. Wenn also die Kennzahlen unseres Universums maßgeschneidert für das Leben erscheinen, dann könnte dies die Folge übergeordneter Naturgesetze sein, denen die Forschung noch nicht auf die Spur gekommen ist. In seiner Rätselhaftigkeit steht das Phänomen immerhin nicht allein. Die Physik sieht sich derzeit außerstande, die diversen Massen der Elementarteilchen, die großen Unterschiede in der Stärke der vier Naturkräfte und deren Anzahl sowie die Werte der Naturkonstanten zufriedenstellend zu erklären.

Es ist unwahrscheinlich, dass es für all das keine zufriedenstellenden Begründungen gibt. In der Antike hatten die Menschen keine Erklärung für Sonnenfinsternisse, Blitze und Epidemien. Heute kann die Wissenschaft diese schlüssig aus natürlichen Gesetzmäßigkeiten herleiten. Allerdings musste für jede Erklärung ein neuer Teil der Wirklichkeit entdeckt und erkundet werden: So setzt ein Verständnis der Vorgänge bei einer Sonnenfinsternis Wissen um die Bewegungen der Himmelskörper voraus, bei Blitzen der Elektrizität und im Falle von Epidemien der Viren und Bakterien Hierzu wurden jeweils Türen in neue Denkwelten aufgestoßen. Für die Beantwortung der offenen Fragen der Physik gilt das in gleichem Maße. Mit dem Unterschied, dass es diesmal in gänzlich fremdartige Teile der Wirklichkeit gehen könnte – so fremd, dass jeder Versuch, sie zu verstehen, an unserer menschlichen Kognition scheitert. Die uns vertraute, vierdimensionale Raumzeit ist vielleicht nur ein kleiner Teil einer höheren Realität jenseits von Raum und Zeit. Dazu mehr in Kapitel 5.

**Zusammenfassung: Vier Antworten auf die „Warum-Frage"**
**Unser Universum scheint für die Entstehung von Leben maßgeschneidert zu sein. Zur Ursache dieser seltsamen Beschaffenheit existieren mehrere Hypothesen. Reiner Zufall wäre eine aus wissenschaftlicher Perspektive unbefriedigende Antwort, da es wenig wahrscheinlich ist, dass so viele Parameter ohne eine tiefere Begründung innerhalb derartig enger Intervalle liegen. Manche sehen stattdessen auch das Werk eines intelligenten Schöpfers, doch die Wissenschaft versucht stets, weltliche Erklärungen zu finden und war damit bislang äußerst erfolgreich. Einige Wissenschaftlerinnen und Wissenschaftler nehmen deshalb an, dass es viele Universen mit den unterschiedlichsten Eigenschaften gibt,**

von denen nur eine kleine Minderheit bewohnbar ist. Bei dieser Auffassung lassen sich zwei Varianten unterscheiden: Die erste postuliert ein einzelnes, gewaltiges Megaversum, die zweite eine Vielzahl von Paralleluniversen. Beide Möglichkeiten wirken abstrus, aber es gibt Indizien, dass sie nicht ganz von der Hand zu weisen sind. Schließlich könnte unser maßgeschneidertes Universum auch die Folge übergeordneter Naturgesetze sein, welche die Physik noch nicht entdeckt hat. Da hierbei eventuell ein höherdimensionales Kontinuum eine Rolle spielt, liefe diese Vorstellung ebenfalls auf die Entdeckung eines neuen Teils der Wirklichkeit hinaus, der uns vermutlich sehr fremd ist.

Eines lässt sich mit Sicherheit sagen: Wir wissen nicht, in was für einer Wirklichkeit wir leben. Im Gegenteil: Es gibt so viele Unklarheiten und offene Fragen, dass wir der Zivilisation in der Dunkelwolke vielleicht weniger voraushaben als ursprünglich gedacht.

## 4.3. Was war vor dem Urknall?

**Bis heute hat sich die Physik,** zumindest nach eigener Überzeugung, bis auf eine winzige Zeitspanne an die mysteriöse Singularität des Urknalls herangearbeitet – eine imaginäre Reise rückwärts in der Zeit, denn die Vorstellung von der Entwicklung des Universums basiert auf einer Rückrechnung der Geschehnisse ausgehend von der heutigen Situation. Eine essenzielle Annahme dabei ist, dass alle Kennzahlen, Naturkonstanten und Naturgesetze über die gewaltigen sowohl räumlichen als auch zeitlichen Distanzen hinweg konstant waren und sind. Unterstützt wird diese Modellvorstellung durch Beobachtungen unserer leistungsstärksten Teleskope, die in großer Entfernung – und deshalb gleichzeitig bis weit in die Vergangenheit hinein – Daten sammeln. Die Galaxien in vielen Milliarden Lichtjahren Entfernung sind jung, da das Licht aus einer Periode relativ kurz nach dem Urknall stammt, als diese sich gerade gebildet hatten. Noch weiter weg und noch weiter zurück in der Vergangenheit ist das Universum dunkel, da zu diesem Zeitpunkt keine Sterne existierten. Auch für diese Phase liegen uns solide Belege, theoretisch wie experimentell, vor. Alle Beobachtungen enden aber 400.000 Jahren nach dem Urknall, also in einer Distanz von 13,7 Milliarden Lichtjahren. Der Grund dafür ist einfach: In der Spanne zwischen dem eigentlichen Urknall und dieser Zeitmarke war das Universum undurchsichtig, da das primordiale Gas als weißglühendes Plasma vorlag.

Indirekte experimentelle Daten erlauben uns, die Modellrechnungen nach hinten zu erweitern. Die beiden häufigsten Elemente im Universum, Wasserstoff und Helium, sind in der primordialen Nukleosynthese entstanden; Kernreaktionen, die in den hochdichten und enorm heißen Verhältnissen zwischen 100 bis etwa 1000 Sekunden nach dem Urknall stattfanden. Die Mathematik sagt ihr Mengenverhältnis, so wie es heute gemessen wird, korrekt vorher. Noch weiter zurück soll es der Theorie zufolge eine Periode überlichtschneller Expansion, die bereits bekannte Inflationsphase, gegeben haben. Ihre Existenz wird angenommen, um einige sonst rätselhafte Eigenschaften des heutigen Universums zu erklären. Konkret geht es um das Horizontproblem und die verblüffende Flachheit der Raumzeit.

So wurde das Urknallmodell im Laufe der Zeit immer weiter verfeinert und ergänzt. Allerdings enden alle Bemühungen, sich noch näher an die Singularität heranzurechnen, $5 \times 10^{(-44)}$ Sekunden nach dem Urknall, der sogenannten Planck-Zeit. Die Physik ist der Überzeugung, dass die Naturgesetze und Naturkonstanten, wie wir sie kennen, spätestens ab dann ihre Arbeit aufnahmen. Bei der Betrachtung des Zeitraums davor werden Quanteneffekte genauso wichtig wie die Effekte der Relativitätstheorie. Aus diesem Grund erfordert das weitere Studium des Urknalls eine Quantentheorie der Gravitation, die es aber noch nicht gibt. Die Singularität, in der unser Universum nach heutiger Vorstellung entstanden ist, liegt jenseits der Grenzen unserer zeitgenössischen Physik.

Die Frage, was vor dem Urknall war, kann daher noch nicht beantwortet werden. Es wirkt unplausibel, dass buchstäblich nichts existierte. Denn das würde auch bedeuten, dass es keine Zeit gegeben hätte, und es ist schwer vorstellbar, wie ein solcher Zustand spontan aufhören könnte. Jedenfalls nicht, solange die Gesetze der Logik noch gelten. Wahrscheinlicher ist die Möglichkeit, dass es sich beim Urknall um das Produkt einer höherdimensionalen Raumzeit handelt, die vielleicht parallel zu derjenigen unseres Universums existiert. Welche Naturgesetze in diesem uns fremden Raum Bestand haben, können wir nicht sagen. Wenn es sie überhaupt gibt, sind sie unseren übergeordnet und erklären eventuell, warum unser Universum so ist, wie es ist. Oder der Prozess eines Urknalls geschieht häufiger und die resultierenden Schöpfungen haben eine breite Verteilung an Eigenschaften innerhalb der Möglichkeiten, welche diese höherstufigen Gesetze festlegen.

Es bleibt noch die Frage übrig, ob es nur einen Urknall gab. Dazu folgende Überlegung: Lange Zeit waren die Menschen überzeugt, es gäbe nur eine Erde. Dann dachten sie, es gäbe nur eine Sonne. Für eine kurze Zeit meinten sie auch, es gäbe nur eine Galaxie. Nun glauben sie, es gibt nur ein Universum. Wir wissen die Antwort heute nicht, aber vielleicht werden wir sie in der Zukunft irgendwann herausfinden. Die persönliche Meinung des Autors illustriert Abbildung 29.

Abb. 29: Foto von Seifenblasen, die expandierende Universen in einem übergeordneten Raum-Zeit-Gefüge symbolisieren. Das wäre eine Möglichkeit. Aber was wirklich ist, wird wohl noch eine Weile unbekannt bleiben.

Zusammenfassung: Was war vor dem Urknall?
Auf den ersten Blick sieht die Physik wie eine festgefügte Wissenschaft aus, die praktisch alles erklären kann. Aber es stellt sich heraus, dass sie an den einfachsten Warum-Fragen scheitert: Warum sind es genau vier Naturkräfte? Warum haben die Naturkonstanten genau diese Zahlenwerte? Warum gibt so viele verschiedene Elementarteilchen? Es könnte lange so weitergehen. Dann wäre da noch unser unwahrscheinlich maßgeschneidertes Universum. Damit Leben in unserem Sinne überhaupt möglich ist, müssen viele Kennzahlen der Natur in einem sehr engen Wertebereich liegen. Völlig ahnungslos stehen wir schließlich angesichts der Singularität vor dem Urknall da. Hier muss eine uns bisher gänzlich fremde Physik gelten.

Bezüglich der ersten beiden Problemkomplexe haben wir eine einigermaßen plausible Begründung kennengelernt: Es gibt viele Universen mit unterschiedlichen Naturkonstanten und nur wenige davon sind bewohnbar. Eine andere Möglichkeit wären übergeordnete Naturgesetze, die wir aber noch nicht kennen. Unabhängig davon, welche dieser Alternativen man für richtig hält, dürfte klar sein, dass die uns zugängliche Raumzeitkugel nur ein winziger Ausschnitt einer ungeheuer viel größeren Wirklichkeit ist – und es ist sehr wahrscheinlich, dass der Urknall den fremden Naturgesetzen dieses übergeordneten Gefüges unterlag. Dabei stellt sich die Frage, ob wir jemals eine Chance haben werden, einen Blick auf die Realität „hinter" unserem Universum zu werfen. Vorerst sind wir jedenfalls auf unsere eigene vierdimensionale Raumzeit beschränkt. Und selbst davon kennen wir nur die „Oberfläche", wie das nächste Kapitel zeigen wird.

# Unerklärliches, Unfassbares und Unheimliches

# 5

**Im vorangegangenen Kapitel** sind wir tief in die Zone des Unbekannten vorgedrungen. Dabei haben wir die Möglichkeit diskutiert, dass unsere vierdimensionale Raumzeit Teil eines übergeordneten Gefüges ist, da sich unser maßgeschneidertes Universum, die Inflationsphase und der Urknall selber nur auf diese Weise halbwegs plausibel erklären lassen. Nun geht es aber um Phänomene, die nicht mehr plausibel sind. Wir beschäftigen uns mit den Ergebnissen quantenmechanischer Experimente fernab der menschlichen Auffassungsgabe. Zumindest sind alle Versuche, das Verhalten der Natur in diesem Bereich der Physik zu verstehen, bisher gescheitert.

Ein weiterer Punkt betrifft die „Information“. Nach dem herkömmlichen Verständnis bezeichnet der Begriff ein Signal, das zwischen einem Empfänger und einem Sender ausgetauscht wird. Im einfachsten Fall findet dies zwischen zwei Menschen, Tieren oder Pflanzen statt. Fasst man deren Baupläne, die in den Kettenmolekülen der Erdsubstanz gespeichert sind, ebenfalls als Information auf, durchdringt sie alle Bereiche des Lebens. Man könnte sogar sagen, dass Leben eigentlich Information sei. Was aber, wenn letztere auch in der unbelebten Natur vorkommt? Manche Physikerinnen und Physiker meinen sogar, dass nicht Materie die Basis allen Seins bilde, sondern Information. Ihre Parole lautet: „It from Bit“. Information und „Geist“ sind wesensverwandte Begriffe – entspringt also alles dem Geist?

Es gibt noch einen weiteren, fast religiösen Aspekt im Umfeld der Quantenphysik. Eine bestimmte Art der Information, die sogenannte Quanteninformation, unterliegt nämlich einem Erhaltungssatz. Die Quantenebene ist aber das Fundament aller höheren Ebenen, also auch der makroskopischen Welt, in der wir leben. Bedeutet dieses Naturgesetz, dass alle Information letztlich erhalten bleibt? Es gab eine berühmte Auseinandersetzung zweier Kosmologen, Stephen Hawking und Leonard Susskind, ob die Information, die beispielsweise in einem Buch gespeichert ist, für das Universum verloren ginge, würde man dieses in ein Schwarzes Loch werfen. Die beiden Forscher einigten sich aufgrund des Naturgesetzes darauf, dass sie erhalten bleiben müsse. Das wäre auch nicht anders, würde man das Buch stattdessen verbrennen. Für uns ist das völlig unvorstellbar, aber mit Naturgesetzen lässt sich schlecht über Philosophie streiten. Diese Erkenntnisse der Quantenphysik kommen den Vorstellungen einer Religion sehr nahe: Wenn nämlich Information unter keinen Umständen verloren gehen kann, dann bleibt auch etwas vom Menschen und seiner Persönlichkeit nach dem Tod erhalten – theoretisch bis in alle Ewigkeit.

Ausgangspunkt für die Analysen in diesem letzten Kapitel sind die Ergebnisse quantenphysikalischer Experimente. Die theoretische Physik vermag diese Vorgänge zu beschreiben und richtige Vorhersagen über ihren Ausgang zu treffen. Aber ein wirkliches „Verstehen" erscheint unmöglich. Unser mathematischer Werkzeugkasten hat uns so weit in den Bereich des Unbekannten getragen, dass der menschliche Geist, der in der vierdimensionalen Raumzeit gefangen ist, auf der Strecke bleibt. Im Folgenden werden zunächst die grundlegenden Experimente der Quantenphysik skizziert. Danach diskutieren wir ihre fast unheimlichen Konsequenzen für unsere Wirklichkeit.

## 5.1. Quantenphysik

**Man könnte meinen,** dass die Naturgesetze aus dem Bereich der Quantenphysik, weil sie so weit von unserer Lebensrealität entfernt sind, keine Rolle für uns spielen. Aber das ist falsch. Unsere makroskopische Welt sitzt auf der (sub-)mikroskopischen auf. Denn alles, was wir aus unserem Alltag kennen, besteht aus Atomen. Obwohl sie winzig klein sind, bestimmt ihre jeweilige Struktur die Eigenschaften aller Stoffe in unserer Umwelt. Die Naturgesetze, denen sie ihrerseits unterliegen, untersucht die

Quantenphysik. Diese sind beispielsweise dafür verantwortlich, dass Wasser eine Flüssigkeit, Sauerstoff ein Gas und Kupfer ein Metall ist. Auf einer weniger greifbaren Ebene ermöglichen es uns die Quanteneigenschaften des Lichtes in Kombination mit der Funktionsweise der Sinneszellen in unseren Augen, dass wir unsere Umwelt optisch wahrnehmen können. Diese Liste ließe sich endlos fortsetzen. Die Quantenphysik bildet also die Grundlage der Welt, mit der wir interagieren.

Mit Hilfe des mathematischen Formalismus der Quantentheorie lassen sich selbst abstrakte Naturgesetze perfekt erfassen. So wird das in vielen Aspekten unverständliche Verhalten der Natur auf ein Regelwerk aus Gleichungen und Formeln abgebildet, das zuverlässige Vorhersagen über Quantenobjekte liefert. Ihre Wirklichkeit ist dem menschlichen Geist unverständlich und muss es vorerst wohl auch bleiben. Wissenschaftlerinnen und Wissenschaftler denken seit mehr als 100 Jahren über diese Phänomene nach und haben für viele immer noch keine verständliche Erklärung gefunden. Ähnlich wie in religiösen Texten diskutiert man stattdessen „Interpretationen" der Quantenphysik. Viele Forschende haben sich aber inzwischen an diesen erkenntnistheoretischen Missstand gewöhnt und hinterfragen ihn kaum.

Die Fremdartigkeit dieser Naturgesetze tritt immer dann zutage, wenn das betreffende System von der normalen Umwelt abgeschirmt ist. Nehmen wir zum Beispiel Schrödingers Katze, ein berühmtes Gedankenexperiment. Durch eine perfekt isolierte Kiste, ausgestattet mit einem trickreichen Mechanismus, wäre es hypothetisch möglich, ein Lebewesen in einen Zustand zu versetzen, den es eigentlich nur in der Quantenwelt geben kann: gleichzeitig tot und lebendig. Denn solche „verschränkten" Zustände, also solche, die aus der Überlagerung zweier sich gegenseitig ausschließender Status bestehen, sind dort keine Abnormalität. Die Katze könnte auch zu 80 Prozent tot und zu 20 Prozent lebendig sein. Mit der Logik unserer normalen Welt ist das nicht zu begreifen, da es sich bei „tot" und „lebendig" um exklusive Kategorien handelt – man ist entweder das eine oder das andere. In der Quantenwelt stellt die Mischung dagegen kein Problem dar. Ein weiteres Standardbeispiel ist das Doppelspaltexperiment. Auch hier geschieht etwas, das in unserer Alltagsvorstellung unmöglich wäre: Ein Teilchen fliegt gleichzeitig durch zwei verschiedene Spalte. Bei genauerer Betrachtung wird der Sachverhalt sogar noch kurioser: Das Teilchen ist nämlich „nicht-lokal" und befindet sich zum selben Zeitpunkt an vielen Orten. Wir wollen unsere Einführung in die sonderbare Quantenwelt mit diesem Experiment beginnen.

**Das Doppelspaltexperiment**
Läuft eine Lichtwelle, beispielsweise von einem Laser, durch zwei vertikale Schlitze in einer Blende hindurch, entsteht hinter diesem sogenannten Doppelspalt ein Hell-Dunkel-Streifenmuster aus einer Überlagerung der beiden Teilwellen. Dieses Phänomen wird „Interferenz" genannt. Es ist typisch für Wellen und geht auf ihren nicht-lokalen Charakter zurück: Sie sind stets an vielen Orten gleichzeitig. Eine Welle kann ohne Probleme beide Spalte in einem Augenblick passieren und dahinter mit sich selbst interferieren. Im Schulunterricht demonstriert man den Effekt auch gerne anhand von Wasserwellen. Noch einfacher lässt er sich mit einer Computeranimation veranschaulichen.

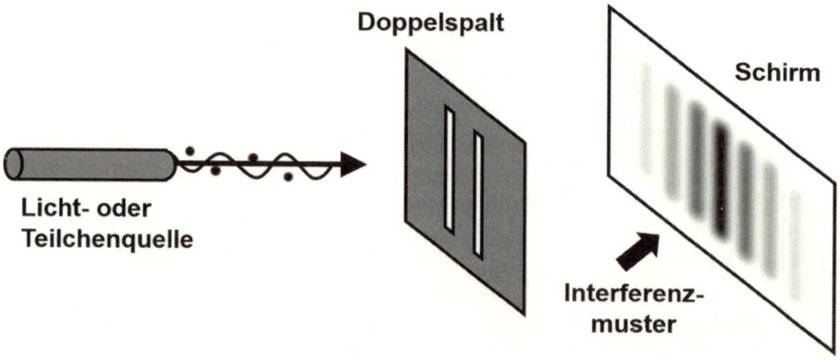


Abb. 30: Doppelspaltexperiment mit einem Licht- oder Teilchenstrahl, der aus einer geeigneten Quelle erzeugt wird. Klassisch sollten auf dem Schirm zwei Streifen als Abbild der beiden Spalte zu sehen sein. In Wirklichkeit entsteht ein Hell-Dunkel-Streifenmuster, das sich nach beiden Seiten hin fortsetzt. Der hellste Streifen ist genau in der Mitte hinter den beiden Spalten (Darstellung im Negativ).

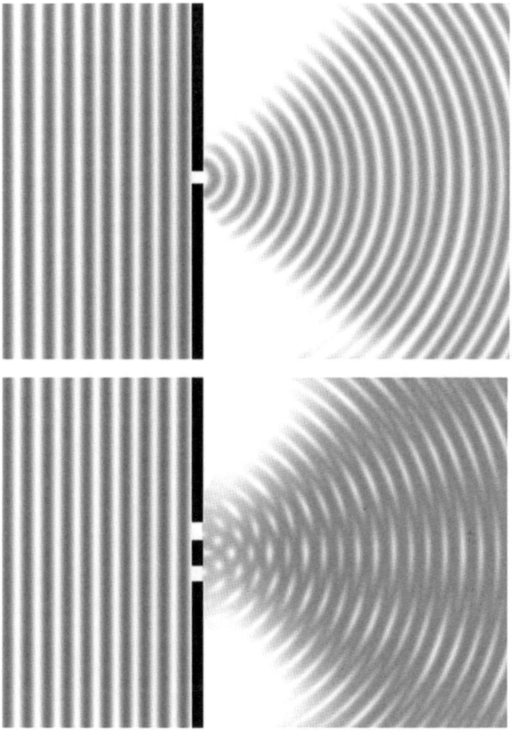

Abb. 31: Computeranimation einer Wellenfront, die von links auf eine Mauer trifft. Im oberen Teil tritt sie als eine Welle kugelförmig aus dem Loch heraus; Im unteren Teil als zwei Wellen, die miteinander interferieren. Auf einem Schirm am rechten Rand ließe sich im zweiten Fall ein Hell-Dunkel-Muster beobachten. Unter bestimmten Winkeln interferieren die beiden Kugelwellen destruktiv, unter anderen konstruktiv. Ersteres führt zu dunklen, letzteres zu hellen Färbungen in Geradeausrichtung hinter dem Doppelspalt.

Das Problem der Quantenphysik ist nun aber, dass sich dieses Experiment auch mit Teilchen durchführen lässt, und dabei das gleiche Ergebnis – ein Hell-Dunkel-Streifenmuster – herauskommt. Eine helle Färbung deutet auf die Präsenz vieler, eine dunkle auf wenige bis gar keine Teilchen hin. Wo liegt nun die Schwierigkeit? Teilchen können eigentlich gar nicht interferieren. Wo sich gegenphasige Wellen zu null addieren – ein Effekt, den man bei Lärmschutzkopfhörern nutzt –, resultiert die Kombination mehrerer Teilchenstrahlen niemals in einer Senkung der Teilchenzahl insgesamt. Zumindest ist das in unserem Denken unvorstellbar. In der Quantenwelt gilt diese Regel aber nicht mehr. Die Physik nennt das Phänomen „Materie-Interferenz“ und führt es auf den Welle-Teilchen-Dualismus zurück: Unter manchen Umständen verhalten sich Teilchen wie man es von ihnen erwarten würde, unter anderen dagegen wie Wellen. Ihre wahre Natur bleibt uns jedoch verborgen.

Zum Versuchsaufbau: Um das Doppelspaltexperiment mit Materie-Interferenz durchzuführen, benötigt man einen gleichmäßigen, also konstant schnellen, Partikelstrahl. Wir werden sehen, dass jedes individuelle Teilchen für sich eine Welle ist. Hätten diese unterschiedliche Geschwindigkeiten, wären auch ihre Wellenlängen unterschiedlich und das Interferenzmuster würde verschwimmen. Ähnlich verhält es sich bei normalen Interferenzexperimenten mit Licht. Die Teilchen sind typischerweise Elektronen, Neutronen, Heliumatome oder Nanopartikel. Für welche man sich entscheidet, ist letztlich egal – sie dürfen nur nicht zu groß und damit zu schwer sein, weil ihre Wellenlänge dann kürzer wird, was den Nachweis erschwert. Der besagte Strahl passiert also einen Doppelspalt und trifft dahinter auf einen Detektorschirm, auf dem die Teilchen beim Aufprall einen kleinen Lichtblitz erzeugen. So weit ist das wenig überraschend: Ein Objekt fliegt von seiner Quelle hin zu einem Ziel – Anfang und Ende der Reise lassen sich klar bestimmen. In diesem Sinn verhalten sich die Teilchen wie Teilchen.

Wird das Experiment mit niedriger Intensität gestartet, blitzt es ab und zu irgendwo auf dem Schirm auf. Wichtig ist, dass der Strahl beide Spalte abdeckt und jedes Teilchen folglich durch einen beliebigen Schlitz fliegen könnte. Der interessante Teil: Unter diesen Bedingungen wird nach einiger Zeit in der Summe der Lichtblitze ein Interferenzmuster sichtbar. Dieses ist identisch mit dem einer Lichtwelle der formal selben Wellenlänge, die sich über die Grundgleichungen der Quantenphysik berechnen lässt. Aber wie kann es sein, dass Teilchen interferieren? Interferenz, speziell destruktive Interferenz bedeutet im einfachsten Fall, dass zwei gegenphasig schwingende Wellen einander aufheben. Das ist so weit klar. Nur: Teilchen schwingen eigentlich nicht, zumindest nicht in der klassischen Physik. Die Quantenphysik widerspricht dieser Auffassung. Ihr zufolge handelt es sich bei einem Teilchenstrahl um eine Materiewelle mit einer Wellenlänge und einer Frequenz. Mathematisch ist das verhältnismäßig unkompliziert: Es gibt eine Wellengleichung, die Schrödingergleichung, eine Amplitude der Materiewelle und eine Phase. Doch was da genau schwingt, entzieht sich unserem Verständnis. Das Doppelspaltexperiment ist damit typisch für die Quantenphysik: Mathematisch recht unkompliziert, aber in der Sache nicht zu begreifen.

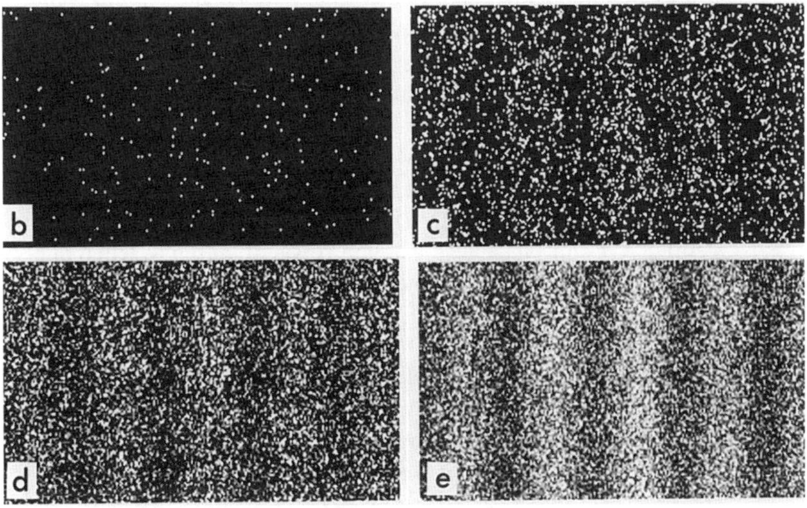


Abb. 32: In einem Doppelspaltexperiment baut sich das Interferenzmuster erst mit der Zeit auf. Jedes Teilchen erzeugt bei seinem Aufprall auf dem Schirm einen kleinen Blitz. Nach einer Welle wird erkennbar, dass sich diese in ein Interferenzmuster von hellen und dunklen Streifen anordnen.

Die Forschenden konnten diese Ergebnisse zunächst kaum glauben. Aber es wird noch abstruser: Selbst bei einer extrem niedrigen Intensität des Strahls, wenn niemals zwei Teilchen gleichzeitig unterwegs sind und daher auch nicht miteinander interferieren können dürften, bildet sich trotzdem ein Hell-Dunkel-Muster auf dem Schirm. Wie sollte das möglich sein? Die Antwort der modernen Physik: Jedes Teilchen ist für sich eine Welle und deshalb überall gleichzeitig. Es fliegt im selben Moment durch beide Schlitze. Sobald es allerdings auf den Schirm aufprallt, verhält es sich wieder wie ein Teilchen und erscheint an einem genau definierten Ort.

Was bedeutet das nun? Wir hatten im Kapitel 2, als es um das etablierte Weltbild der Physik ging, erwähnt, dass der wahre Charakter der Teilchen kaum zu fassen ist. Sie sind keine kleinen Bälle, sondern eher Wirbel der Raumzeit, deren Durchmesser in Abhängigkeit von den experimentellen Bedingungen variiert. In den hier diskutierten Experimenten verhalten sich die Teilchen wie Wellen und sind über einen großen Bereich ausgedehnt. Wie wir im Fall der Quantenteleportation noch sehen werden, kann sich dieser sogar auf mehrere Kilometer erstrecken. Treffen sie auf einen Detektorschirm, kollabiert die ausgedehnte Welle zu einem einzelnen Punkt.

Und nun die völlig rätselhafte und fast schon unheimliche Beobachtung: Wie sich ein Teilchen verhält, hängt davon ab, was wir darüber wissen können. Denn sobald man auf noch so vorsichtige Art und Weise festzustellen versucht, durch welchen der beiden Spalte es denn fliegt, verschwindet das Interferenzmuster im selben Augenblick. Dabei kommt es nicht darauf an, ob jemand, also ein intelligentes Wesen, hinschaut, sondern darauf, dass das Teilchen vom Rest des Universums entkoppelt ist. Nur wenn es keine Wechselwirkung zwischen ihm und seiner Umgebung gibt, tritt sein merkwürdiger Wellencharakter zutage. Die Formulierung das Teilchen „verhält" sich wie eine Welle ist dementsprechend nicht ganz korrekt, denn tatsächlich „ist" es – in Isolation – eine Welle.

Ähnlich sieht es bei Schrödingers Katze aus. Ihr „untoter" Status ist nur dann möglich, wenn ein Beobachter – oder besser gesagt: das übrige Universum – prinzipiell nicht wissen kann, welches von beiden zutrifft. Dieses Phänomen, dass Quanteneffekte bei einer Ankopplung an den Rest der Natur verschwinden, heißt in der Physik „Dekohärenz". Um es noch zu verdeutlichen, bauen wir unser Doppelspaltexperiment etwas weiter aus, indem wir Nanopartikel als Teilchen verwenden, da sich diese nämlich aufgrund ihrer relativen Größe verglichen mit Elektronen, Neutronen und ganzen Atomkernen aufheizen lassen. Bringt man sie vor den beiden Schlitzen zum Glühen, ändert sich nichts an ihren quantenmechanischen Eigenschaften, weshalb auch das Interferenzmuster gleichbleiben sollte. Tatsächlich verschwindet es aber. Die Ursache dafür ist, dass sich ihr Weg durch die Experimentierkammer anhand der Photonen, die sie aufgrund ihrer

Hitze abgeben, verfolgen ließe. Es wäre also mit einer Infrarotkamera möglich festzustellen, durch welchen der beiden Doppelspalte die Partikel fliegen. Sobald man diese Information auch nur rein hypothetisch erlangen könnte, verschwindet das Interferenzmuster – unabhängig davon, ob die Messung tatsächlich durchgeführt wird. Im quantenmechanischen Formalismus entspricht das Glühen der Teilchen, also das Aussenden von Photonen, einer Ortsmessung und der Kollaps der Wellenfunktion, so wird das Verschwinden dieser Eigenschaften genannt, geschieht im Augenblick dieser prinzipiellen Nachweisbarkeit. Die Wechselwirkung mit der Umgebung durch die Wärmestrahlung lässt ihre geisterhaft nicht-lokale, ausgedehnte Existenz zu einem Punkt zusammenschnurren: Das Teilchen wird wieder zu einem Teilchen, das ordnungsgemäß im Sinne der klassischen Physik einer Bahn durch die Raumzeit folgt.

Man könnte meinen, dass das Interferenzmuster verschwindet, weil eine wie auch immer geartete Messung die Partikel auf ihrem Weg behindert. Aber die Experimentatoren haben alles Erdenkliche versucht, um diese Möglichkeit auszuschließen. Auch die allersanfteste Messmethode führt zum sofortigen Kollaps der Wellenfunktion. Das ist von großer Bedeutung. Denn es scheint hier nicht um physikalische Wirkungen wie Kräfte zu gehen, sondern um die Übermittlung von purer Information. In dem Augenblick, in dem der Zustand des Teilchens auch nur prinzipiell bekannt sein könnte, verschwinden seine Welleneigenschaften. In der Quantenphysik macht also „Information" einen Unterschied im Ablauf der Prozesse – selbst dann, wenn kein Lebewesen, wie beispielsweise ein Experimentator, zuschaut. Das ist nicht nur „ein bisschen" rätselhaft, sondern eine der größten, ungeklärten Fragen der Physik. Eine Antwort könnte unser wissenschaftliches Weltbild völlig auf den Kopf stellen. Da Teilchen Anregungszustände der Raumzeit sind, hätte sie profunde Auswirkungen auf unser Verständnis nicht nur der Materie, aus der alle Dinge einschließlich uns selbst bestehen, sondern auch der bloßen Substanz, in der sie eingebettet sind. Vielleicht unterliegen die Phänomene der Quantenphysik, die ausschließlich in vom Rest des Universums entkoppelten Systemen auftreten, übergeordneten, fremden Naturgesetzen. Entsprechend könnten Kenntnisse über die wahre Natur der Teilchen die Tür zu einer höheren Ebene der Wirklichkeit öffnen, deren Existenz uns bislang verborgen geblieben ist.

Im Fall von Schrödingers Katze gestaltet sich die Durchführung des tatsächlichen Experiments auch mit moderner Technik äußerst schwierig. Einen Körper von der Größe eines Säugetiers von jeder Wechselwirkung mit der Umgebung zu isolieren ist nämlich alles andere als trivial. Damit die geisterhaften Phänomene der Quantenwelt zu Tage treten, muss die Wärmestrahlung sowohl der Katze als auch der Umgebung in beiden Richtungen komplett abgeschirmt werden. Weiterhin darf es keinen Luftaustausch geben. Es gälte das Tier durch eine Schicht perfekten, strahlungsfreien Vakuums von der Außenwelt zu entkoppeln. Kurzum: Der Aufbau wäre sowohl technisch kaum machbar als auch ethisch fragwürdig. Andere Versuche mit verschränkten Zuständen an kleineren Systemen, wie zum Beispiel nanometergroßen Quantenpunkten oder Qbit, die sehr viel leichter von der Umgebung isoliert werden können, wurden dagegen in großer Zahl durchgeführt und haben den Formalismus der Quantenphysik in jeder Hinsicht bestätigt. Daher ist nach heutigem Wissen in der Tat zu erwarten, dass Schrödingers Katze gleichzeitig tot und lebendig wäre. In Quantencomputern benutzt man verschränkte Zustände, um spezielle Rechnungen durchzuführen, die mit herkömmlichen Chips sehr viel länger dauern würden. So gesehen kommen dort allen Ernstes fremde Naturgesetze zum Einsatz. Da selbst eine schwache Wärmestrahlung bereits zum Verschwinden der mysteriösen Phänomene führt, werden solche Geräte häufig nahe dem absoluten Nullpunkt betrieben.

Im Formalismus der Quantenphysik ist es nicht die Wärmestrahlung, die den Kollaps einer Wellenfunktion bewirkt, sondern eine Messung. Es geht nicht darum, wie diese durchgeführt wird, sondern welche Informationen man mit ihr gewinnen könnte. Handelt es sich um eine Ortsbestimmung, schnurrt eine ausgedehnte Welle durch die Messung zu einem Punkt zusammen, an dem sich das nunmehr normale Teilchen befindet. Wichtig ist hierbei, dass allein die Information das System verändert. In der Quantenphysik spielt diese folglich eine entscheidende Rolle. Die Information wird vom System auf die Umgebung, also den Rest des Universums, übertragen. Der klassischen Auffassung zufolge dürften solche Wechselwirkungen in der unbelebten Natur eigentlich nicht existieren. Und doch gibt es sie.

Warum dauerte es so lange, bis die in diesem Abschnitt angesprochenen Naturgesetze entdeckt wurden? Das liegt daran, dass unsere Alltagsumgebung normalerweise von Wärmestrahlung erfüllt ist, die alle größeren Objekte – angefangen bei Viren und Mikropartikeln – an die normale Welt koppelt und dadurch die Phänomene der Quantenwelt zum Verschwinden bringt. Der ständige Austausch sorgt, wie bei einer permanenten Ortsmessung dafür, dass sich Teilchen wie Teilchen verhalten und die Wellenfunktion ständig kollabiert. Zudem ist das gesamte Universum von der kosmischen Hintergrundstrahlung durchtränkt, die letztlich auf einer großen Skala dafür verantwortlich sein könnte, dass die fremden Naturgesetze der Quantenphysik nicht in unserer makroskopischen Umgebung in Erscheinung treten. Doch in der ihr zugrundeliegenden Welt des ganz Kleinen, wo Atome und Elementarteilchen, die nicht mit Wärme interagieren, den Takt angeben, entfalten sie ihre Wirkung ungehindert. In diesem Sinne sind die Naturgesetze der Quantenphysik allgegenwärtig, auch wenn wir sie nicht bemerken.

### Quantenteleportation

Zu Beginn des Buches haben wir eine gedachte Zivilisation in einer Dunkelwolke beschrieben, deren Physikerinnen und Physiker bemüht waren, ihre Welt zu verstehen. Aber es wollte ihnen nicht recht gelingen, weil ihnen wesentliche Informationen über das Universum jenseits ihres finsteren Flecks fehlten. Die Unstimmigkeiten in ihrem Weltbild, die offenen Fragen und Ad-hoc-Korrekturen waren Indizien dafür, dass ihre Wissenschaft nur einen kleinen Bereich der Realität entdeckt hatte. In unserer Welt spielen die eigenartigen Naturgesetze der Quantenphysik eventuell eine ähnliche Rolle.

Kapitel 4 hat gezeigt, dass die Lücken im Weltbild der modernen Physik, allen voran der Urknall und die Inflationsphase, auf die Existenz von Sphären mit anderen Naturgesetzen hindeuten. Das passt zu den Erkenntnissen der Quantenphysik. Auch hier sind fremde Gegebenheiten am Werk und die Möglichkeit alternativer Wirklichkeiten zu deren Erklärung drängt sich auf. Ihre Beschaffenheit entzieht sich bisher allerdings jeder menschlichen Vorstellungkraft. Könnte es beispielsweise eine Welt außerhalb der Zeit geben? Das ist für uns temporal gebundene Wesen absolut unvorstellbar – und doch lässt sich ihre Existenz nicht ausschließen. Zu dieser Frage gibt es konkrete Experimente, die wir im Folgenden diskutieren wollen.

In Science-Fiction-Medien erfreut sich der Prozess des Beamens größter Beliebtheit. Personen oder Objekte werden in ihre atomaren Einzelteile zerlegt, mit Lichtgeschwindigkeit von einem Ort an den anderen transportiert und am Ziel wieder zusammengebaut. Da man sich nicht schneller als das Licht bewegt, gibt es keinen Konflikt mit den bekannten Naturgesetzen. In eher fantastisch statt wissenschaftlich angehauchten Medien können die Menschen kraft ihres Geistes verschwinden und anderswo wieder auftauchen. Da es hierbei meist um kürzere Distanzen auf der Erdoberfläche geht, wird die Geschwindigkeit nicht näher diskutiert. Allerdings handelt es sich nach Vorstellung der Autoren nicht um einen Transport von Materie, sondern um einen rein magischen Ortswechsel. Dieser Prozess könnte also auch zeitlos geschehen, da er sowieso gegen alle möglichen Naturgesetze verstößt. In unserer Wirklichkeit gibt es all das nicht. Mit einer Ausnahme: der Quantenteleportation.

Das Ausdruck bezieht sich auf eine Klasse von Experimenten aus der Quantenphysik, die sich mit dem sogenannten Einstein-Podolsky-Rosen-Paradoxon beschäftigen. Um die Pointe gleich vorwegzunehmen: Man versucht dabei, die Geschwindigkeit, mit der eine ausgedehnte Materiewelle zu einem Punkt kollabiert, zu messen. Gemeint ist zum Beispiel das Zusammenschnurren des Wellenzustands eines Teilchens durch eine Messung, wie oben im Kontext des Doppelspaltexperiments beschrieben. Inzwischen konnten in Versuchen zur Quantenteleportation Entfernungen von mehreren hunderten Kilometern realisiert werden. Das Unerklärliche ist, dass der Kollaps der Wellenfunktion, ausgelöst durch eine Messung an einem Ende des Experiments, sich mit mindestens der tausendfachen Lichtgeschwindigkeit an das andere Ende ausbreitet. Die Forschenden vermuten, dass der Prozess instantan, also ohne Verzögerung, geschieht. Da aber Zeitmessungen eine begrenzte Genauigkeit haben, lässt sich nur eine Untergrenze der Geschwindigkeit angeben. Vermutlich handelt es sich in Wahrheit um einen Quantenprozess jenseits der Zeit, den es in unserer Wirklichkeit nicht geben dürfte.

Albert Einstein und seine beiden Mitstreiter hatten Zweifel an grundlegenden Annahmen der damals neu entwickelten Quantenphysik. Deshalb ersannen sie ein Experiment, das zwar den Gesetzen der Disziplin gehorchte, jedoch der logischen Vernunft zum einen und der Relativitätstheorie zum anderen widersprechen sollte. Mit dem damaligen Stand der Technik war es noch nicht durchführbar, heute ist es dagegen möglich. Dabei bestätigten sich immer wieder die Vorhersagen der Quantenphysik, so merkwürdig diese auch sein mögen.

In einem typischen EPR-Experiment werden zunächst zwei geeignete Teilchen, meist Photonen oder Elektronen, in einen gemeinsamen, verschränkten Zustand gebracht. Man präpariert sie zu Beginn des Versuchs so, dass der Gesamtdrehimpuls des Systems null beträgt, sie also genau gegenläufig rotieren. Nicht bekannt ist die Lage der Drehachse, die in eine beliebige Richtung zeigen kann. Nach der Vorbereitung fliegen die beiden Teilchen in genau umgekehrte Richtungen auseinander. Jedes ist für sich betrachtet in einem unpolarisierten Zustand, was bedeutet, dass die Drehachse der Eigendrehung, also des Spins, in alle Richtungen gleichzeitig zeigt, so wie Schrödingers hypothetische Katze im selben Moment tot und lebendig wäre – erneut ein für uns unvorstellbares Phänomen. Man könnte es sich höchstens durch das Bild eines Kreisels veranschaulichen, dessen eigene Drehachse simultan rotiert, sodass seine Bewegung wilde, mehrdimensionale Bahnen annimmt.

Nun kommt der entscheidende Punkt: Nach einer gewissen Flugdistanz, die in der Realität Hunderte von Kilometern und in der Theorie vermutlich sogar Lichtjahre betragen kann, wird die Polarisation eines der beiden Teilchen mit einem geeigneten Gerät gemessen. In diesem Augenblick wissen wir genau, wie seine Eigendrehung orientiert ist. Das quantenmechanische Superkreiseln stoppt schlagartig und das Teilchen rotiert nur noch um eine raumfeste, nunmehr bekannte Achse. Im Fachjargon ändert sich sein Zustand von „unpolarisiert“ zu „polarisiert“. Dass es sich dabei wirklich um einen neuen Zustand handelt, wurde in unzähligen Experimenten bestätigt. Das Erstaunliche oder eigentlich Unverständliche ist nun, dass das andere Teilchen es dem ersten instantan gleichtut, allerdings mit einer gegenläufigen Drehachse. Auch das lässt sich problemlos messen. Beide Teilchen haben sich durch die Ortsfeststellung gewandelt und sind im selben Moment mit einer genau feststellbaren, aber jeweils umgekehrten Rotation „erstarrt“ – obwohl es keinerlei Verbindung zwischen ihnen gibt. Der Prozess ähnelt den Beobachtungen im Doppelspaltexperiment, nur dass er in diesem Fall die Drehachse betrifft. Auch hier kollabiert die Wellenfunktion, die den verschränkten Zustand der beiden Teilchen beschreibt.

Es gab und gibt zahlreiche Diskussionen zu dieser Klasse von Experimenten. Zunächst wurde bezweifelt, dass wirklich eine Zustandsänderung stattfindet. Das zweite Teilchen muss sich genau entgegengesetzt drehen und das tut es immerhin auch. Aber das Problem besteht darin, dass sich der „unpolarisierte“ wirklich, also physikalisch messbar, vom „polarisierten“ Zustand unterscheidet. Es würde an dieser Stelle zu weit führen, diese anspruchsvollen Analysen im Detail darzulegen. Nur als Hinweis für die Experten: Dass es keine konventionelle Erklärung in der Form verborgener Parameter für die zeitlose Kopplung der beiden verschränkten Teilchen gibt – jedenfalls nicht innerhalb der Raumzeit –, hat John Stewart Bell im Jahr 1964 mit seiner nach ihm benannten Ungleichung bewiesen. Vielleicht sollte außerdem erwähnt sein, dass der Vorgang, obwohl er instantan gewaltige Distanzen überbrückt, nicht gegen Einsteins Relativitätstheorie verstößt, da keine Übertragung von Masse, Energie oder „echter“ Information stattfindet. Zwar scheint es so, als würde der Zustand des einen Teilchens schneller als das Licht an das andere weitergegeben, aber dieser Eindruck entspringt wieder unserem begrenzten Auffassungsvermögen. Versuche dieser Art verletzen die Naturgesetze nicht, sondern erweitern sie lediglich.

Analog zur Situation der erdachten Zivilisation in der Dunkelwolke könnte man die seltsamen Ergebnisse der EPR-Experimente ebenfalls als Hinweis auf uns verborgene Teile der Wirklichkeit, insbesondere höherer Raumdimensionen, werten. Als Beispiel für derartige Überlegungen werden häufig zweidimensionale Lebewesen, die auf einem Blatt Papier existieren und den geometrischen Formen in Edwin Abbotts *Flatland* ähneln, herangezogen. Die für uns alltägliche, dreidimensionale Räumlichkeit wäre für solche Kreaturen unvorstellbar. Würde man zwei

Punkte in ihrer Ebene, definiert über Breite und Tiefe, durch eine Brücke in der Höhe verbinden, hätten sie für die reale, aber ihrer Realität völlig entrückte Interaktion kaum eine Erklärung. In einer ähnlichen Situation befinden wir uns vielleicht bei dem Versuch, die Ergebnisse der EPR-Experimente oder die Quantenphysik ganz allgemein zu verstehen. Doch solange es keine direkten Beweise für die Existenz höherer Ebenen der Wirklichkeit gibt, ist auch das nur Spekulation.

Abb. 33: Die Bewohner einer zweidimensionalen Welt können sich die Kopplung zweier Punkte über eine Brücke in der dritten Dimension nicht vorstellen. Für sie wäre es ein Mysterium, weshalb sich die beiden Flecken beispielsweise synchron bewegen sollten.

## 5.2. Information

**Das menschliche Leben** im 21. Jahrhundert wird von „Information“ regelrecht dominiert, sei sie über Vorkommnisse in der Welt, das Leben irgendwelcher Prominenter oder das Wetter. Ganze Bibliotheken, Diskografien und Kinoprogramme lassen sich auf optischen oder digitalen Datenträgern speichern. Reine Information ist etwas Substanzloses, das wir Menschen mittels verschiedenster Medien aufbewahren oder teilen können. Der Inhalt eines Buches liegt optisch in Form seiner bedruckten Seiten vor. Scannt man diese ein oder tippt sie ab, wird die Information digital und besteht auf Schaltkreisen fort. Liest man stattdessen daraus vor, verwandelt man den Stoff zu Schallwellen, die das Ohr eines Zuhörers wiederum in elektrische Impulse an dessen Gehirn transformiert. Dieses legt daraufhin über komplexe chemische Prozesse in den Neuronen Ideen, Gedanken und Bilder im Gedächtnis ab.

Die Information selber ist dabei unabhängig vom Träger – ob optisch, digital, akustisch, elektrisch oder chemisch – immer die Gleiche. In der Computertechnik wird der Informationsgehalt in Bit, also einem Wert von entweder null oder eins, gemessen. Das ist die sogenannte Shannon-Information, die sich mathematisch akkurat analysieren und verarbeiten lässt, und definitionsgemäß im Arbeitsspeicher eines Rechners genau einen Platz einnimmt. Einen Text kann man beispielsweise in eine Abfolge von Nullen und Einsen umwandeln, indem jeder Buchstabe durch vier solche Stellen kodiert wird. Beispielsweise würde A durch die Folge 0000 repräsentiert, B durch 0001, C durch 0010, D durch 0011 und so weiter. In der Realität benötigt man acht Bit – also ein Byte – pro Letter, denn es gibt zusätzlich Groß- und Kleinbuchstaben, Zahlen und Sonderzeichen. Aus der Zahl der Zeichen pro Seite und der Anzahl der Seiten lässt sich so der Informationsgehalt in einem Buch berechnen. Bei Filmen zerlegt man stattdessen die einzelnen Bilder in Pixel und ordnet jedem Punkt einen Helligkeits- und einen Farbwert zu. Auch diese werden digitalisiert, also in Kolonnen von Nullen und Einsen konvertiert. Je nachdem, wie hoch die Auflösung ist, kann der Informationsgehalt eines Kinofilms leicht im Bereich mehrerer Milliarden Byte, für gewöhnlich Gigabyte genannt, liegen.

Bei jedem der soeben aufgeführten Beispiele handelt es sich letztlich um Signale, die sich an einen menschlichen Empfänger richten. Wir unterscheiden die kommunikative Information, etwa durch Sprache oder Schrift, von der Information über die Umwelt, die uns zum Beispiel über den Sehnerv oder das Gehör erreicht. Auf den ersten Blick wirkt es so, als existiere Information nur in der menschlichen Sphäre, denn es wird ein Bewusstsein benötigt, um Signale in Bedeutung umzuwandeln.

Aber auch Tiere tauschen Information aus, beispielsweise um sich vor Fressfeinden zu warnen oder in Richtung einer Nahrungsquelle zu weisen. Dabei sind ihre Signale teilweise hochkomplex, wie beispielsweise die Gesänge von Buckelwalen oder die Tänze von Bienen. Sogar Einzeller kommunizieren über Botenmoleküle miteinander. Informationsaustausch scheint also auch im Tierreich allgegenwärtig zu sein. Doch es geht noch weiter, denn was ist eigentlich Leben? Jeder Organismus entspringt einer älteren Generation, hat folglich Vorfahren. Das gilt für Pflanzen genauso wie für Tiere und selbst Einzeller stammen von einer Mutterzelle ab, die sich zur Fortpflanzung teilen musste. Das verbindende Glied ist die Erbsubstanz, die den Bauplan für das jeweilige Lebewesen enthält, kodiert in der Abfolge der vier Nukleinbasen Guanin, Adenin, Thymin und Cytosin. Die Blaupause für jeden noch so kleinen Teil der belebten Natur lässt sich entsprechend als eine lange Kette der Buchstaben G, A, T und C ausdrücken. Bei Menschen hat das Genom, das auf den 23 Chromosomenpaaren gespeichert ist, einen Informationsgehalt von rund 750 Gigabyte. Die Abfolge der Nukleinbasen hat eine Bedeutung, die irgendwann zu Beginn der Evolution festgelegt wurde. In einem Gen kodieren immer drei von ihnen für eine Aminosäure, also den Baustein eines Proteins. Welche das genau sind, ist dabei belanglos, solange die Ordnung über sukzessive Generationen konsistent bleibt. Ähnlich verhält es sich bei Buchstaben, die in der schriftlichen Kommunikation für bestimmte Laute stehen, sowie auch den Phonemen der Sprache selbst. Diese Art von Information, die unabhängig vom Träger ist und problemlos auf andere umkopiert werden kann, nennt man symbolische Information.

### Das Universum als Beobachter?

Da Fortpflanzung von einer Weitergabe der Erbinformation abhängt, liegt der Schluss nahe, dass Leben – abstrakt gesprochen – als solches auf Informationsaustausch beruht. Es wäre insofern legitim zu sagen, dass Leben Information und Information Leben ist. Das stimmt aber nur dann, wenn das Konzept nicht auch in der unbelebten Natur vorkommt. Genau diese Auffassung gerät im Kontext der Quantenphysik ins Wanken.

In der belebten Natur verändert Information das Verhalten der beteiligten Akteure. Bei ihrem Austausch wird häufig Wissen in der Absicht vermittelt, den Empfänger auf eine bestimmte Weise zu beeinflussen. In der Physik dient eine Messung dem Gewinn an Information über ein System. Ein Beispiel ist die

Ortsmessung. Der Experimentator weiß danach, wo sich das Teilchen zu einem festgelegten Zeitpunkt befand. Entsprechend kann eine Messung als Informationstransfer vom zu untersuchenden System zum Beobachter angesehen werden. Die Analogie zur belebten Natur ist insofern nicht perfekt, als dass es sich beim Sender, einem Teilchen, um ein unbelebtes Objekt handelt, das über kein Wissen seinerseits verfügt. In den Naturwissenschaften war man lange Zeit der Überzeugung, dass Kenntnis über ein System dieses nicht verändert. Es sollte für ein Teilchen egal sein, ob jemand weiß, wo es sich befindet und wohin es unterwegs ist. Denn Information spielte in der unbelebten Natur keine Rolle. Das glaubte man zumindest bis zur Entdeckung der Quantenphysik.

Spätestens ab diesem Zeitpunkt musste man die Annahme aber aufgeben, denn es wurde klar, dass die Information, die man über ein System hat, dieses sehr wohl verändert. Eine ganze Weile meinten die Forschenden noch, ihre Instrumente würden die empfindlichen Elementarteilchen und Naturpartikel aus der Bahn werfen und seien deshalb für die Abweichungen verantwortlich. Aber wie inzwischen in unzähligen Experimenten bewiesen wurde, hat die Messung selbst, egal wie sanft man sie durchführt, einen Einfluss auf den Untersuchungsgegenstand. In der Sprache der Quantenphysik bringt sie das System in einen „Eigenzustand des Messoperators“. Durch den reinen Vorgang wird das beobachtete Teilchen, bildlich gesprochen, zur Ordnung gerufen – es verhält sich also plötzlich gemäß den uns bekannten Naturgesetzen der makroskopischen Welt – und stellt sich scharf. Jedenfalls für den Moment. Schaut man einige Zeit nicht hin, verschwimmen seine Eigenschaften wieder. Im Fachjargon „läuft das Wellenpaket auseinander“ und das Teilchen wird erneut unscharf.

Die Messung, hier als Informationstransfer von einem Objekt der unbelebten Natur zum Messaufbau und weiter zum Experimentator aufgefasst, verändert also das betrachtete System. Das ist eigentlich unverständlich. Mit unserem gesunden Menschenverstand wäre es ähnlich der Annahme früherer Physikerinnen und Physiker vielleicht noch denkbar, dass die Messung das System irgendwie stört. Aber die Veränderung wird tatsächlich durch den Informationsübertrag selbst ausgelöst. Aus diesem Grund ist auch der Transfer über Quantenbits abhörsicher. In dem Augenblick, in dem die enthaltene Information ausgelesen wird, wandelt sie sich. Versucht ein Außenstehender darauf zuzugreifen, kommt am regulären Ende kein vernünftiges Signal mehr an.

Es ist außerdem nicht notwendig, dass das Messergebnis von einem Lebewesen mit Bewusstsein wahrgenommen wird. Die Veränderung tritt in dem Augenblick ein, in dem es prinzipiell möglich wäre, Wissen zu erlangen. Mit anderen Worten: Sobald der Rest des Universums nachschauen könnte, wie es um das System steht, verhält es sich anders. Dann verschwinden die geisterhaften Quantengesetze schlagartig und die klassische Physik gilt wieder. Aber wie kann der Rest des Universums oder besser gesagt, die unbelebte Umgebung, etwas „wissen"? Es sieht ganz so aus, als existiere Information nicht nur im Kontext von biologischen Organismen. Und das ist sehr merkwürdig.

### „It from Bit?"

Der Gedanke an die Bedeutung von Information in der unbelebten Natur, genauer gesagt in der Quantenphysik, kann noch weitergedacht werden. Wir folgen der Argumentation von Professor Anton Zeilinger, einem Forscher an der Universität Wien, dem für seine Arbeit im Jahr 2022 der Nobelpreis für Physik verliehen wurde. Wie wir bereits wissen, sind Elektronen Elementarteilchen, die sich um sich selbst drehen, also einen Spin aufweisen. Rotation kann in unserer alltäglichen Welt beliebig orientiert sein. Die Erdachse ist zum Beispiel um 22 Grad gegenüber der Ekliptik in Richtung des Polarsterns gekippt. Drehung wird in der Physik für gewöhnlich durch einen Pfeil dargestellt, der bei einem rotierenden Objekt in alle Raumrichtungen zeigen kann. Weist er allerdings erst einmal in eine bestimmte Richtung, variiert diese nicht mehr, da der Drehimpuls erhalten bleibt. Die Orientierung der Achse und die Geschwindigkeit bleiben ohne Reibung und äußere Kräfte konstant. Man könnte nun meinen, dass diese Beliebigkeit der Ausrichtung eigentlich auch für Quantenteilchen mit ihrem Spin gelten müsste. Dem werten Leser ist aber vermutlich schon klar, dass das Quantensystem Elektron eine Ausnahme bildet. Es verhält sich anders.

Mit einem Stern-Gerlach-Experiment lässt sich die Orientierung der Drehachse von Elektronen relativ zu einer bestimmten

Richtung messen. Dabei schickt man zunächst einen Teilchenstrahl durch den Aufbau. Je nachdem, in welche Richtung die Drehachse der Elektronen zeigt, sollten diese mehr oder weniger stark abgelenkt werden. Wird als Messrichtung die Vertikale gewählt, müssten sich also manche Elektronen nach oben, manche gar nicht und wieder andere nach unten bewegen. Die Beobachtung ist aber eine andere. Es gibt ausschließlich zwei Sorten Elektronen: solche, die genau nach oben und solche, die genau nach unten abgelenkt werden. Ihr Spin kann in Fachsprache folglich nur „up" oder „down" sein, nichts dazwischen. Der Eigendrehimpuls von Elektronen ist offenbar richtungsquantisiert.

Nach dem ersten Durchgang hat der Experimentator also zwei Teilstrahlen von Elektronen, deren Spin entweder nach oben oder nach unten, „up" oder „down", steht. Nun wird einer der beiden durch einen zweiten Aufbau geschickt, der den Eigendrehimpuls in Bezug auf die horizontale Richtung misst. Bei den vertikal polarisierten Elektronen sollte folglich in der klassischen Betrachtungsweise keine Ablenkung zu beobachten sein. Aber das Ergebnis ist erneut ein anderes, denn es bilden sich wieder zwei Teilstrahlen. Genau die Hälfte der Elektronen hat die Ausrichtung „up" und die andere Hälfte „down" relativ zur neuen Messrichtung. Das ist unerklärlich, denn ihr Spin verändert sich in einem Stern-Gerlach-Experiment nicht. Und schon gar nicht so exakt. Die Ausrichtung kann beliebig oft in beliebiger Orientierung gemessen werden: Es kommt immer dabei heraus, dass die Rotationsachse der untersuchten Elektronen entweder genau nach oben oder genau nach unten steht. Ähnlich wie bei den Nullen und Einsen eines digitalen Bit gibt es nur zwei Möglichkeiten. Übertragen in unsere Alltagswelt verhalten sich die Elektronen so, als hätten sie einen extrem begrenzten Wortschatz. Sie können auf die Frage nach ihrem Spin offenbar nur mit „up" oder „down" antworten. Das Verhalten scheint etwas mit Information zu tun zu haben.

In einer Veröffentlichung aus dem Jahr 1998 hat Professor Zeilinger eine neuartige Erklärung basierend auf einem informationstheoretischen Ansatz für dieses Phänomen angeboten. Er postuliert, dass ein elementares System der Natur nur ein Bit an Information tragen kann. Diese Annahme reicht tatsächlich recht weit, da etliche experimentelle Beobachtungen auf ein merkwürdig gequanteltes Verhalten hindeuten. So sind beispielsweise oft nur ganz konkrete Zahlenwerte bei den Messergebnissen ohne Zwischenschritte möglich. Wäre die Welt in Wirklichkeit eine Computersimulation, könnte Zeilingers Idee eine verblüffend einfache Begründung für diese Resultate liefern. Denn die Prozesse in einem Rechner sind in gewisser Weise auch quantisiert und geschehen immer nur in Schritten von Nullen und Einsen. Schaut man genau hin, erkennt man zum Beispiel auf einem Bildschirm, ihrer optischen Repräsentation, einzelne Pixel. Nur aus der Entfernung sieht diese analog, also kontinuierlich aus. Bei genauer Betrachtung zerfällt eine von Computer simulierte Realität aber in binären Code. Sie ist quantisiert. Jedenfalls gilt dies für menschengemachte Recheneinheiten.

Professor Zeilinger schlägt demnach vor, das merkwürdige Verhalten der Elektronen, die bezüglich einer gewählten Messrichtung nur „up" oder „down" orientiert sein können, als ein Phänomen der Quanteninformation zu betrachten. Eine beliebige Ausrichtung des Winkels ihrer Rotationsachse würde eine weit größere Kapazität erfordern, als sie die Elektronen dem Postulat zufolge zu tragen vermögen. Folglich erklärt die Annahme also die merkwürdige Einschränkung bei der Orientierung ihres Spins. Analog zu eins oder null geht hier nur „up" oder „down". Zeilinger führt seine Idee noch weiter aus und kommt zu dem Schluss, dass man die gesamte Quantenphysik auf diesem Diktum aufbauen könnte. Demzufolge wäre Information, genauer gesagt Quanteninformation, die Grundlage der Welt. Auch passt dazu die Beobachtung, dass Wissen über ein beobachtetes Quantensystem dieses verändert. Information in der unbelebten Natur könnte angesichts dessen eine viel größere Rolle spielen als bisher angenommen. Doch damit nicht genug.

Professor John Wheeler, 2008 verstorben, war ein US-amerikanischer theoretischer Physiker, der in verschiedenen Teilgebieten seiner Disziplin entscheidende Beiträge leistete. So gab er unter anderem den Schwarzen Löchern ihren Namen. Gegen Ende seines Lebens formulierte er elementare Fragen über die Natur der Wirklichkeit. Die vielleicht wichtigste davon lautet: „It from Bit?" – entsteht alles Sein („It") aus Information („Bit")? Wheeler zufolge weisen die Experimente der Quantenphysik darauf hin, dass die Substanz des Universums möglicherweise nicht aus Teilchen und Kräften zusammengesetzt ist, sondern aus Information. Seine konkreten Analysen sind selbst für Fachleute schwer nachvollziehbar, weshalb hier auf eine nähere Darlegung verzichtet werden soll. Wichtig ist aber, dass auch Wheeler Information als zentralen Teil, wenn nicht sogar als die Grundlage der Wirklichkeit ansah. Damit widersprach er der klassischen und heute so stark materialistisch geprägten Physik, der zufolge es in der unbelebten Natur kein Konzept von Wissen, Information oder Geist geben sollte. In Übereinstimmung mit der These des vorliegenden Buches schrieb er: „Sicherlich werden wir eines Tages die zentrale Idee von Allem als so einfach, so schön und so überzeugend begreifen, dass wir alle zueinander sagen werden: Oh, wie hätte es anders sein können? Wie konnten wir nur so lange so blind sein." Seine Formulierung legt eine gewisse Parallele zur Zivilisation in der Dunkelwolke nahe – so wie sie vielleicht eines Tages ihrem finsteren Gefängnis entflieht und sich fragt, wie sie jemals auf so etwas wie das Urloch kommen konnte, amüsieren möglicherweise auch wir uns in ferner Zukunft über die Theorien der heutigen Forschung.

Aber was verleiht dem Vorschlag, dass Information statt Teilchen und Kräften die Grundlage allen Seins bildet, seine Schlagkraft? Für die meisten Menschen ist die Hypothese nicht zwingend abstrakter oder schwerer zu begreifen als die Modellvorstellungen der zeitgenössischen Physik. Was macht sie so besonders? Vielleicht liegt es am immateriellen Charakter der Information. Sie ist schwer zu fassen und kann auf verschiedenen Trägern existieren. Damit passt sie nicht in das Weltbild eines materialistischen Universums, das wie eine leblose Maschine vom Urknall bis zum langsamen Kältetod weiterrattert. In dieser Vorstellung sind Leben und Geist nichts weiter als extrem unwahrscheinliche Zufälle. Aber wenn Leben Information und Information die Grundlage allen Seins bildet, dann ist Leben nichts Unbedeutendes mehr, sondern eine Manifestation der puren Existenz. „Information" und „Geist" sind verwandte Begriffe. Ist also letztlich Geist die Grundlage allen Seins?

Der letzte Punkt, dem wir uns in diesem Kontext widmen wollen, passt vielleicht eher in die Religion als in die Naturwissenschaft. Es gibt in der Physik nämlich einen Erhaltungssatz für Quanteninformation, der aus einer bestimmten Eigenschaft der Schrödinger- und der Dirac-Gleichung folgt. Beide fundamentalen Formeln sind „zeitumkehrinvariant", beschreiben also Prozesse, die vorwärts und rückwärts gleich gut ablaufen. Würde man daher ein hypothetisches Nano-Buch verbrennen, ginge die darin enthaltene Information nicht verloren, da es in der umgekehrten Zeitrichtung wieder aus dem Rauch und der Asche auferstehen könnte. Dieses Naturgesetz entspricht keineswegs unserer Erfahrung aus der makroskopischen Welt, gilt aber auf hinreichend winzigen Skalen mit großer Sicherheit. Die Information bleibt erhalten, komme was wolle, und kann auch nicht vernichtet werden.

Das sollte uns zu denken geben. Denn wir wissen bereits, dass unsere vertraute Lebensrealität, die wir uns mit acht Milliarden anderen Menschen teilen, letztlich eine Erweiterung der Welt des ganz Kleinen ist. Machen wir die Parallelen zwischen diesen beiden Sphären noch ein wenig deutlicher: Eine Modellvorstellung vergleicht die Information mit der Energie, für die ebenfalls ein Erhaltungssatz existiert. Was bedeutet das? Nun, dass wir Menschen, wie wir hier auf der Erde wachen und schlafen, leben und sterben, Teil eines gewaltigen Kreislaufs sind, innerhalb dessen Energie nicht verbraucht oder zerstört, sondern nur in eine andere Form umgewandelt wird. Wenngleich sie auch für uns nicht mehr nutzbar ist, geht sie also nicht verloren, sondern verteilt sich lediglich fein über unseren Planeten. Vielleicht verhält es sich mit der Information genauso. Denaturiert unsere DNA, zerfällt sie in winzige Bestandteile, die wir nicht mehr zurückgewinnen können. Aber nach dem Naturgesetz von der Erhaltung der Quanteninformation gibt es sie eventuell doch noch, nur in anderer Form. Ähnliches könnte auch für den menschlichen Geist gelten. Dann wäre unsere Persönlichkeit nach dem Tod nicht mehr in ihrer ursprünglichen Form vorhanden, sondern fein über das Universum verteilt – eine schöne Vorstellung.

**Zusammenfassung: Unerklärliches, Unfassbares und Unheimliches**
**Die Hinweise darauf, dass wir bisher nur einen kleinen Teil der Wirklichkeit entdeckt haben, sind mittlerweile kaum noch zu leugnen. Wir haben zwar einen mathematischen Formalismus, der den Teil der Wirklichkeit, in dem die Naturgesetze der Quantenphysik dominieren, richtig beschreibt, aber wirklich verstehen**

können wir sie dadurch nicht. Hinzu tritt die Tatsache, dass Phänomene wie der geisterhafte Wellencharakter der Teilchen verschwinden, sobald es eine wie auch immer geartete Kopplung mit der Umwelt gibt. Es kommt uns fast so vor, also würden sich die betreffenden Systeme normal verhalten, solange wir sie beobachten können, aber absonderlich, sobald sie vom Rest des Universums isoliert sind. Besonders rätselhaft ist in diesem Kontext die Quantenteleportation, die unabhängig von der Distanz und ohne Zeitverlust geschieht. Bisher haben wir für sie keine Erklärung. Eine denkbare, wenn auch sehr spekulative Hypothese besagt, dass die Kopplung zweier verschränkter Teilchen über eine höherstufige Ebene, zum Beispiel eine zusätzliche Raumdimension, erfolgt. Uns erscheint ein solcher Vorgang mysteriös, aber für die Bewohner eines übergeordneten Raumzeitgefüges wäre er etwas ganz Normales.

Fast schon bizarr wirkt die Möglichkeit, dass nicht Teilchen und Kräfte, sondern Information die Grundlage allen Seins in unserem Universum sein könnte. Diese spielt entgegen jeder klassischen Intuition nämlich auch in der unbelebten Natur eine entscheidende Rolle. Wenn Information oder Wissen immer zwischen einem Sender und einem Empfänger übermittelt wird, stellt sich die Frage, wer oder was diese beiden Parts im Falle von Quanteninformation einnimmt. Professor Zeilingers Postulat, das die merkwürdigen Eigenschaften von Elementarteilchen erklären soll, besagt, dass diese jeweils nur ein Bit an Information zu tragen vermögen, und erinnert damit auf unheimliche Weise an den Science-Fiction-Film „Matrix", in dem die ganze Welt eine Computersimulation ist. Mit dem Unterschied, dass es hier um die Wirklichkeit geht, in der wir leben.

Eine weitere Kuriosität ist der Erhaltungssatz, demzufolge Quanteninformation nicht vernichtet werden kann. Damit ähnelt sie der ebenfalls substanzlosen und vielfältig übertragbaren Energie, die in unserem Universum gleichermaßen einem solchen Naturgesetz unterliegt. Das hilft in der Realität allerdings wenig, denn wenn wir selbige „verbrauchen", ist sie zwar hinterher noch da, aber zu fein verteilt, als dass sie nutzbar wäre. Gilt das nun auch für Information? Oder nur für Quanteninformation? Und worin besteht der Unterscheid zwischen den beiden? Die Quantenebene mit ihren Naturgesetzen ist die Basis allen Seins, denn letztlich lassen sich alle makroskopischen Abläufe in atomare Einzelprozesse zerlegen. Falls der Erhaltungssatz für die normale Information gilt, dann erstreckt er sich auf unser Bewusstsein. Nach unserem Tod bliebe dann etwas von uns übrig, wenn auch fein verteilt. Es würde Teil der Zukunft.

# Schlusswort: Was bedeutet das alles?

**Die letzten Kapitel** haben gezeigt, dass die Physik keinesfalls Allwissen beanspruchen kann. Die Ergebnisse der neueren Experimente liefern Indizien für die Existenz anderer Ebenen der Wirklichkeit. Was dort ist, wissen wir nicht. Wir haben lediglich Hinweise darauf, dass es diese anderen, potenziell gewaltig großen Zonen der Realität gibt – über ihre Beschaffenheit lässt sich aber bestenfalls mutmaßen.

Gleich zu Beginn des ersten Kapitels wurde die Fabel von der Zivilisation in einer Dunkelwolke erzählt. Ihre Wissenschaft kann nichts von anderen Sternen und Galaxien wissen, weshalb es ihnen auch unmöglich ist, eine vernünftige Antwort auf die Frage nach der Entstehung ihrer Welt zu finden. Trotzdem stellen sie eine Theorie auf, die aber merkwürdige Unstimmigkeiten aufweist und allerhand Korrekturen benötigt, um wenigstens einigermaßen mit den Messergebnissen übereinzustimmen. Uns geht es ähnlich. Auch unser physikalisches Weltbild passt nicht ohne Weiteres zu den Daten, die unsere empirische Forschung generiert – Hinweise darauf, dass wir ebenfalls in einer Art Dunkelwolke leben. Nur ist sie in unserem Fall deutlich größer als in der Fabel: Ihr Radius beträgt 13,7 Milliarden Lichtjahre und sie hat drei Raum- sowie eine Zeitdimension. Vielleicht ist das aber bloß ein kleiner Ausschnitt der ganzen Wirklichkeit. Die Ungereimtheiten im Weltbild der Physik weisen zumindest darauf hin.

Die Idee, dass das Universum in einem extrem heißen Urknall entstanden ist, seither expandiert, dabei abkühlt und letzten Endes einen langsamen Kältetod sterben wird, erinnert an eine Dampfmaschine. Auch ihr Kolbenhub beginnt mit einem komprimierten Gas, das sich ausdehnt, erkaltet und schließlich als Abgas entweicht. Diese Ähnlichkeit kommt wohl nicht von ungefähr, da die Vorstellung der Menschen, wie die Welt entstanden ist, schon immer vom jeweiligen Zeitgeist geprägt war. Das gilt trotz des eigenen Anspruchs auf Objektivität auch für die Naturwissenschaft. Die aktuelle Phase des gesellschaftlichen Wohlstands in den Industrieländern begann mit der Entwicklung von Motoren und Kraftwerken. Gleichzeitig wandte sich der Mensch vom Aberglauben und den Religionen ab. Mittlerweile halten wir fast instinktiv alles, was auch nur entfernt an Geist und Metaphysik erinnert, für Unsinn. Es gibt sogar fanatische Verfechter einer Maschinen-Ideologie, welche die Lehrsätze der Schulbuchphysik zum Anlass nimmt, jede Form der Spiritualität von sich zu weisen. Sie haben in gewisser Weise Recht, solange sie im Bereich der klassischen, also unserem gesunden Menschenverstand zugänglichen Disziplin bleiben. Aber diejenigen Forschenden, die sich immer weiter in Bereiche jenseits der Grenzen unseres Wissens vorwagen, entdecken mehr und mehr Rätselhaftes und sogar Unheimliches. Das passt dann nicht mehr zum Bild von der Dampfmaschine.

Das Argument mit dem Zeitgeist gilt allerdings auch für John Wheelers „It from Bit“, dem zufolge alles Sein auf Information beruht. Statt Kraftmaschinen dominiert spätestens seit der Jahrtausendwende das Internet den Diskurs. Alles ist digitale Information – und prompt beginnen die Physikerinnen und Physiker, auch in der Natur überall digitalisierte Quanten und Quanteninformation zu entdecken. Unsere Sicht auf die Welt ist immer noch von außen geprägt. Wir sehen nur das, was wir sehen können und letztlich auch wollen. Wenigstens scheint der Wandel Fortschritte zu mit sich zu bringen, denn die Grenzen unseres Wissens dehnen sich beständig weiter aus. Dabei sollte uns aber stets in Bewusstsein bleiben, dass wir womöglich bloß einen kleinen Teil der Wirklichkeit kennen – und damit ist nicht einfach nur der Durchmesser der uns zugänglichen Blase der Raumzeit gemeint. Es geht um viel mehr.

Die Liste der unerklärlichen Entdeckungen der Physik ist lang. So soll das Universum im Urknall entstanden sein und die Details dieses Prozesses von der gleichnamigen Theorie erfasst werden. In der Tat kann diese viel erklären – nur eben den Urknall nicht. Das ist für eine Theorie, die ihren Gegenstand im Namen trägt, ein wenig seltsam. Außerdem braucht sie merkwürdige Ergänzungen wie die Inflationsannahme. Diese besagt, dass sich das Universum unmittelbar nach seiner Geburt mit Überlichtgeschwindigkeit ausgedehnt haben muss. Dazu gibt es zwei Möglichkeiten: Entweder war es wirklich so, was die Existenz von Naturgesetzen impliziert, die außerhalb der Raumzeit gelten; oder es war anders, was bedeutet, dass die Theorie schlichtweg falsch ist.

Noch merkwürdiger erscheint unser maßgeschneidertes Universum. Wieso sind die Werte der Naturkonstanten genau so beschaffen, dass es uns geben kann? Auf diese Frage gibt es verschiedene Antworten, die sich allesamt wie Science-Fiction anhören. Da wäre zunächst das Megaversum der Stringtheoretiker. Ihnen zufolge leben wir quasi per Zufall in einer der wenigen bewohnbaren Ecken eines übergroßen, also sich hinter die beobachtbare Raumkugel erstreckenden Universums. Alternativ könnte es mehrere Paralleluniversen geben, die jeweils für sich in einem Urknall entstanden sind. Ähnlich wie bei Planeten würde dann nur ein kleiner Teil von ihnen die Entwicklung von Leben ermöglichen. Schließlich haben manche Physikerinnen und Physiker höhere Raumdimensionen vorgeschlagen. Uns ginge es dann wie den zweidimensionalen Bewohnern einer Buchseite, die keine Ahnung von den Nachbarseiten haben, obwohl sie ihnen vielleicht sehr nahe sind.

Ebenfalls unerklärlich und fremdartig sind die Naturgesetze der Quantenphysik. Offenbar funktioniert die Mathematik, mit der wir sie beschreiben, auch noch in Bereichen der Wirklichkeit, in die ihr unser Verstand nicht folgen kann. Die seltsamen Phänomene der Quantenmechanik treten immer dann offen zu Tage, wenn das Universum nicht hinschaut, das beobachtete System also perfekt abgeschirmt ist. Gehören die dort herrschenden Naturgesetze zu einer anderen Ebene der Wirklichkeit? John Wheelers radikale These „It From Bit" besagt, dass nicht Teilchen und Kräfte, sondern Information die Grundlage allen Seins bildet. Heute wissen wir zumindest, dass sie eine große Rolle in der Quantenwelt spielt. Außerdem ist Information wesensverwandt mit Geist. Damit erinnert Wheelers Postulat an das Dogma zahlreicher Religionen. In eine ähnliche Kerbe schlägt der Erhaltungssatz der Quanteninformation. Würde seine Richtigkeit bedeuten, dass auch normale Information, zum Beispiel der Inhalt unseres Bewusstseins, nicht verlorengeht? Das wäre dann vielleicht so wie bei der Energie, die nicht verbraucht, sondern nur fein verteilt wird. Damit ist sie zwar für uns Menschen verloren, aber nicht für das Universum, wo der Energieerhaltungssatz gilt. Analog könnte die Information des Bewusstseins nach dem Tod erhalten bleiben, wenn auch über den Kosmos verstreut.

Man hört oft, die Physik sei eine rein materialistische Theorie, in der es bloß Teilchen und Kräfte gebe, die Antithese zur Religion. Dieser Denkweise zufolge handle es sich bei Wissen,

Information und Geist nur um Produkte der menschlichen Einbildung. Doch sie kommt allmählich ins Wanken. So setzt sich die Quantenphysik mit dem Informationsübertrag von einem System auf seine Umgebung auseinander. Allein dieser Prozess beeinflusst die beobachteten Objekte. Das bedeutet, dass Information auch in der unbelebten Natur existiert und in anderen Bereichen der Realität sogar eine wichtige Rolle spielt. Die Wirklichkeit ist wohl doch keine geistlose Maschine.

Was sagt uns das Alles über das Verhältnis der Physik zur Religion? Uns ist bekannt, dass Information oder Wissen in einem unbelebten System einen physikalisch messbaren Unterschied macht. Dies trifft insbesondere in der Nanowelt zu, die das Fundament unserer makroskopischen Realität bildet. Von welcher Art diese Information wirklich ist, können wir nicht wissen. Sie deutet aber auf höhere Ebenen der Wirklichkeit hin. Information, Wissen und Geist sind als Begriffe eng miteinander verwandt und gleichermaßen schwierig zu definieren. Wäre es denkbar, dass eine dieser fremden Dimensionen von Information, Wissen oder Geist geprägt ist? Mit den in diesem Buch dargelegten Erkenntnissen der Quantenphysik und Kosmologie lässt sich diese Möglichkeit nicht mehr so einfach ausschließen, wie es der materialistische Zeitgeist verlangt. Wir können versuchen, die Grenzen des Wissens weiter nach außen zu verschieben und in das Unbekannte vorzustoßen. Vielleicht entdecken wir dabei eine Brücke in andere Wirklichkeiten.

# Abbildungsverzeichnis

Abb. 20 https://en.wikipedia.org/wiki/Cosmic_Horseshoe
https://upload.wikimedia.org/wikipedia/commons/1/11/A_Horseshoe_Einstein_Ring_from_Hubble.JPG
Details unter: https://newscenter.lbl.gov/2009/10/27/evolving-dark-energy/

Abb. 29 https://de.wikipedia.org/wiki/Seifenblase
https://de.wikipedia.org/wiki/Seifenblase#/media/Datei:Seifenblasen_EO5P3371-2.jpg
Source Archiv Frank Liebig

Abb. 32 https://de.wikipedia.org/wiki/Welle-Teilchen-Dualismus
https://de.wikipedia.org/wiki/Welle-Teilchen-Dualismus#/media/Datei:Double-slit_experiment_results_Tanamura_four.jpg
Authors Dr. Tonomura and Belsazar

© Stephan Wagner

Professor Dr. Gerd Ganteför, geboren am 3. November 1956, studierte von 1977 bis 1984 Physik an der Universität Münster und promovierte 1989 an der Universität Bielefeld im Bereich Nanotechnologie. Diesem Gebiet blieb er sowohl als Postdoktorand in den USA als auch während seiner Habilitation am Forschungszentrum Jülich treu. 1997 wurde er an die Universität Konstanz berufen, an der er bis zum Ende seiner Dienstzeit 2022 forschte und lehrte. Seither widmet er sich der Leitung seiner Consulting-GmbH mit Sitz in Kreuzlingen im Thurgau.

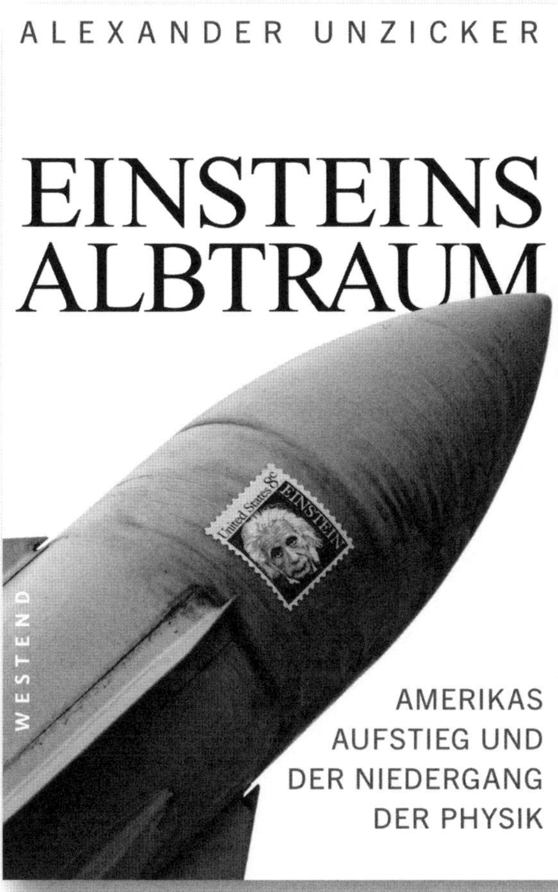


ISBN: 978-3-86489-337-7
circa 240 Seiten,
auch als E-Book erhältlich

**Wie wir lernten, die Bombe zu lieben**

Wie kein anderer repräsentiert Albert Einstein die europäische Physiktradition und deren kompromisslose Suche nach fundamentalen Naturgesetzen. Doch seine Entdeckungen führten die Physik in einen bis heute währenden Albtraum: Nicht nur sollte die Atombombe die Welt für immer verändern – die Grundlagenforschung wurde durch das Militär instrumentalisiert und schließlich korrumpiert. Die Nähe zur Macht und viel Geld ließen sie zu einem technischen Hochleistungssport werden, der die Frage nach den Naturgesetzen schlicht vergessen hat. So sind viele elementare Fragen seit 100 Jahren ungelöst – und damit die Möglichkeiten versperrt, wirklichen Fortschritt zu gestalten. Alexander Unzicker zeigt, warum sich die moderne Wissenschaft auf einen Blindflug begeben hat und wie sie sich im 21. Jahrhundert wieder in den Dienst der Menschen stellen kann.